LA FABRIQUE DU REGARD

« Le champ médiologique »
collection dirigée par Régis Debray

Nos habitudes de pensée et les cloisonnements disciplinaires du savoir ont élevé insensiblement un mur entre l'univers « noble » des idées, des savoirs, des valeurs et le monde « prosaïque », des outillages, des supports, des moyens de diffusion. C'est à abattre ce mur que s'emploiera « Le champ médiologique ».

Par quels réseaux, par quelles méthodes d'organisation s'est constitué, jadis, tel ou tel héritage symbolique ? Qu'est-ce que l'innovation technique modifie aujourd'hui à telle ou telle institution ? Comment le neuf transforme-t-il le vieux ?

Cette collection accueillera, sans a priori doctrinal, les études précises et documentées permettant de comprendre les interactions, toujours plus déterminantes, entre notre culture et nos machines. Entre nos fins et nos moyens. Entre nos symboles et nos outils.

Régis DEBRAY

Ouvrages déjà parus :

MONIQUE SICARD

LA FABRIQUE DU REGARD

IMAGES DE SCIENCE ET APPAREILS DE VISION
(XVe-XXe SIÈCLE)

EDITIONS
ODILE JACOB

Du même auteur

Images d'un autre monde. Photographie scientifique, Paris, Centre national de la photographie, 1990.
Chercheurs ou artistes. Entre art et science ils rêvent le monde, Paris, Autrement, 1995 (sous la direction de Monique Sicard).
L'Année 1895. L'image écartelée entre voir et savoir, Paris, Les empêcheurs de penser en rond, 1995.

© Éditions Odile Jacob, novembre 1998
15, rue Soufflot, 75005 Paris
internet : http://www.odilejacob.fr

isbn : 2-7381-054-4
issn : 1281-5683

REMERCIEMENTS

Régis Debray pour les stimulations intellectuelles dont il a nourri ce projet, Isabelle Claude, pour son aide enthousiaste, mes amis et collègues du Département des sciences humaines de l'ENST, Jean-Pierre Tübach, Yves Jeanneret, mes amis et collègues du Laboratoire communication et politique du CNRS, André Gunthert et la Société française de photographie, Brigitte Berg, Michèle Ballinger, Sylvie Balester, Béatrice Boffety, Christine Demeulenaere, Adrien Douady, Yves Elie, Maryam Manni, Catherine Mathon, Jean-Alain Marck, Patrice Müller, Evelyne Rogniat pour les remarques pertinentes qu'ils m'ont apportées au cours de débats enrichissants.

PRÉAMBULE

Comment pouvons-nous — encore — croire les images ? Comment pouvons-nous faire d'elles des témoins absolus quand d'évidence, l'image n'est pas la chose, la carte n'est pas le territoire ?

Voir ! Porter l'invisible au visible ! La connaissance se construit dans une large mesure par les images ; nombreux sont les objets, les processus, les phénomènes, les lieux, les visages auxquels, seules, elles permettent l'accès. Argentiques, électroniques, taches d'aquarelle ou mine de plomb, garantes et outils d'une raison scientifique, elles fondent des disciplines entières. Que seraient la biologie, la géographie, l'astronomie, la médecine, sans leurs photographies et leurs imageries ? L'affaire est importante : que nous le reconnaissions ou non, nos univers mentaux grouillent de représentations nées des productions scientifiques.

Les images savantes nous convient à penser leur renvoi au « réel » ou à ce qui en tient lieu, à nous intéresser à l'externalité de *toutes* les images qu'elles soient scientifiques, artistiques, médiatiques, industrielles ou même, sans statut. Or, les correspondances entre une image et son hors cadre ont rarement été pensées par les épistémologies. Comme si les représentations n'avaient que faire des dispositifs techniques de production. Comme si les gravures, photographies, imageries, n'étaient que regards à l'intérieur de nous-mêmes. Comme si, surtout, elles n'étaient pas destinées à être *vues*. Les gravures d'anatomie, les photographies de champs de bataille, les imageries spatiales taisent au grand public leurs fabrications, leurs organisations techniques ou instituées, revendiquant une belle transparence. Rigueur garantie ! La traversée d'une image sans matière serait la condition nécessaire d'une connaissance absolue qui pénétrerait son objet sans en laisser rien d'obscur ni de confus. Étrangement, la raison scientifique semble s'accommoder de ces branchements directs sur le monde.

Rendre aux médiations la place qui leur revient conduit à défendre une image qui est le fruit d'une série d'actions, n'acquiert sa vérité que par ses acteurs, se construit sous l'effet d'appareils techniques et institutionnels. Rendre aux images l'opacité d'un corps, prendre en compte *ce qu'elles font* et *ce qui en est dit* pour comprendre *ce qu'elles sont*, afin de substituer une lecture de type iconique à une lecture purement documentaire. À ce prix s'établiront les connexions entre les appareils de vision et leurs effets de connaissance. À ce prix, nous nous verrons peut-être — enfin ! — en train d'observer.

Qu'est-ce que voir ? Qu'est-ce que comprendre, quand la construction des savoirs passe par des images, des optiques, des machines qui voient ce que l'œil humain ne verra jamais ? Nous ne cherchons jamais qu'au sein de la tache de lumière. Nous ne voyons que par le bec de gaz qui décide de l'ombre et de la clarté. Nous ne comprenons qu'à travers des appareils de vision techniques ou institués, affrontant un milieu — le notre — structuré comme un clair-obscur. De quelle manière ces appareils de vision orientent-ils la construction des regards et donc, celle des idées ?

Rabattre ainsi la connaissance sur les tuyaux, la réception sensible sur les machines, a de quoi faire fuir tant les artistes que les scientifiques. Sans parler des académies philosophiques. Faire d'une image un objet technique est une provocation pour les amoureux des formes, de la couleur, les penseurs de l'imaginaire, les promoteurs d'une histoire de la sensibilité ou des idées, les amis de l'immatérialité. Force est de constater que la technique est mal aimée. De tous. Sauf, peut-être, des techniciens. Nous proposons de prendre le contre-pied des idées reçues. La technique n'est ni une servilité obéissant à la connaissance, ni un sous-produit de la science. Ni son application : les machines à vapeur ont vu le jour bien avant le second principe de la thermodynamique. À la fois artefact et matière façonnée, art et métier, savoir-faire et fabrication, elle ne s'oppose pas à la culture : elle *est* culture. Avant d'être un visage ou un paysage, une photographie est reçue comme photographie. Avant d'être une excroissance osseuse, une radiographie est reconnue comme élément du fait radiographique. Avant d'être sphère bleutée ou rayon rouge, une image de synthèse est reconnue comme élément du fait numérique. S'intéresser à l'image comme objet technique invite ainsi à se placer résolument du côté de la réception et de la lecture.

Il n'est pas dans l'objet de cet ouvrage de décerner des bons points ; de trier ce qui, de l'oiseau ou du poisson, fut bien observé ou mal reproduit. Mais de comprendre comment se fabrique un regard collectif, une culture visuelle : par quels effets, sous l'emprise de quelles images, de quels appareils, à l'aide de quels mécanismes de légitimation.

Car les industries du savoir s'enchevêtrent intimement avec celles du croire et leur corollaire : celles du faire croire. Plus s'affirme — au premier étage — la méconnaissance des dispositifs de vision, mieux s'exerce — au deuxième — la fonction politique des images. C'est en affichant leur neutralité qu'elles transmettent le mieux des points de vue délibérés ; en installant des faits qu'elles fonctionnent comme fictions. En clamant leur indépendance qu'elles soudent et parlent culture. Documents et enchantements : les images savantes réussissent ce tour de passe-passe de certifier et d'émouvoir à la fois.

Sont interrogés ici, successivement, le gravé, le photographié, l'imagé. Non seulement la gravure, la photographie, l'imagerie scientifique, mais aussi les appareils qui accompagnent leur production et leur diffusion.

Aux XVᵉ et XVIᵉ siècles la gravure invite à une observation aiguë du monde. Le regard direct qui s'installe se renforce plus tard des regards outillés de la microscopie ou de l'astronomie, des nouveaux dispositifs de vision de la médecine, de nouvelles prises en charge du lecteur.

Au cœur du XIXᵉ siècle, la photographie modifie profondément les fondements de la preuve, la manière de voir et de comprendre. Les grandes installations photographiques des champs de course californiens de Lelan Stanford, les expériences d'électrisation du visage de Duchenne de Boulogne, les mises en scène de corps blancs sur fond noir d'Étienne Jules Marey, transforment matériellement la réalité en vue d'un rendu photographique. Loin de se comporter en enregistreuse passive, la photographie crée des objets spécifiques.

Née à l'extrême fin du XIXᵉ siècle, l'imagerie (médicale, satellitaire, numérique...) oblige à de nouvelles confiances. Désormais, nous devons croire à des formes dont nous ne connaissons que des images, intimement héritières des machines de vision. Le regard direct de l'œil nu, le regard optique, le regard photographique, s'enrichissent là d'un regard hautement outillé qui ne comprend le monde qu'en analysant ses images. Ces imageries sont parfois reçues comme des empreintes photographiques. Comme si quelque chose avait effectivement eu lieu, qui fut visible par l'homme, et dont elles conserveraient la trace nostalgique. Comme si rien ne distinguait une échographie fœtale de la photographie sur la cheminée du salon.

Du regard nu de Léonard au regard hautement outillé de *Pathfinder*. De l'abécédaire illustré de la Renaissance inventoriant d'innombrables objets pour un public restreint, à la mondialisation du regard par diffusion massive d'une image unique sur les réseaux, les appareils de vision gouvernent nos savoirs et nos regards. Nous ne puisons jamais que dans ce qu'ils nous offrent à voir.

Dans de telles conditions, quelle lecture décisive, des images pouvons-nous installer ? Quel lecteur choisissons-nous d'être ? Quel lecteur devons-nous être ?

En réponse à l'impossible écriture d'une histoire des images, ce sont *des* histoires qui sont ici racontées. En pointillé. Sans prétention à une quelconque exhaustivité. Petits faits, précis, noués, non segmentés, susceptibles de nous en apprendre autant sur les images contemporaines qu'une théorie de leur lecture. Libres de références, de lois, de concepts, ces histoires font chaque fois resurgir la part symbolique active mais enfouie du document, la diversité de ses fonctions.

Cet ouvrage est né de rencontres avec des spécialistes et fabricants d'images, trop nombreux pour pouvoir être tous cités : historiens, mathématiciens, biologistes, physiciens, philosophes, ethnologues, sociologues, sémiologues, spécialistes de photographie ou d'art contemporains, médecins... Sans eux, ces histoires d'images seraient restées dans les coffres des non-dits. Les genres établis n'auraient pu être mis en question. Qu'ils soient remerciés d'avoir contribué à faire resurgir les fondements culturels d'actions scientifiques qui ne trouvent leur légitimité « universelle » officielle que dans la négation des subjectivités.

PREMIÈRE PARTIE

La gravure

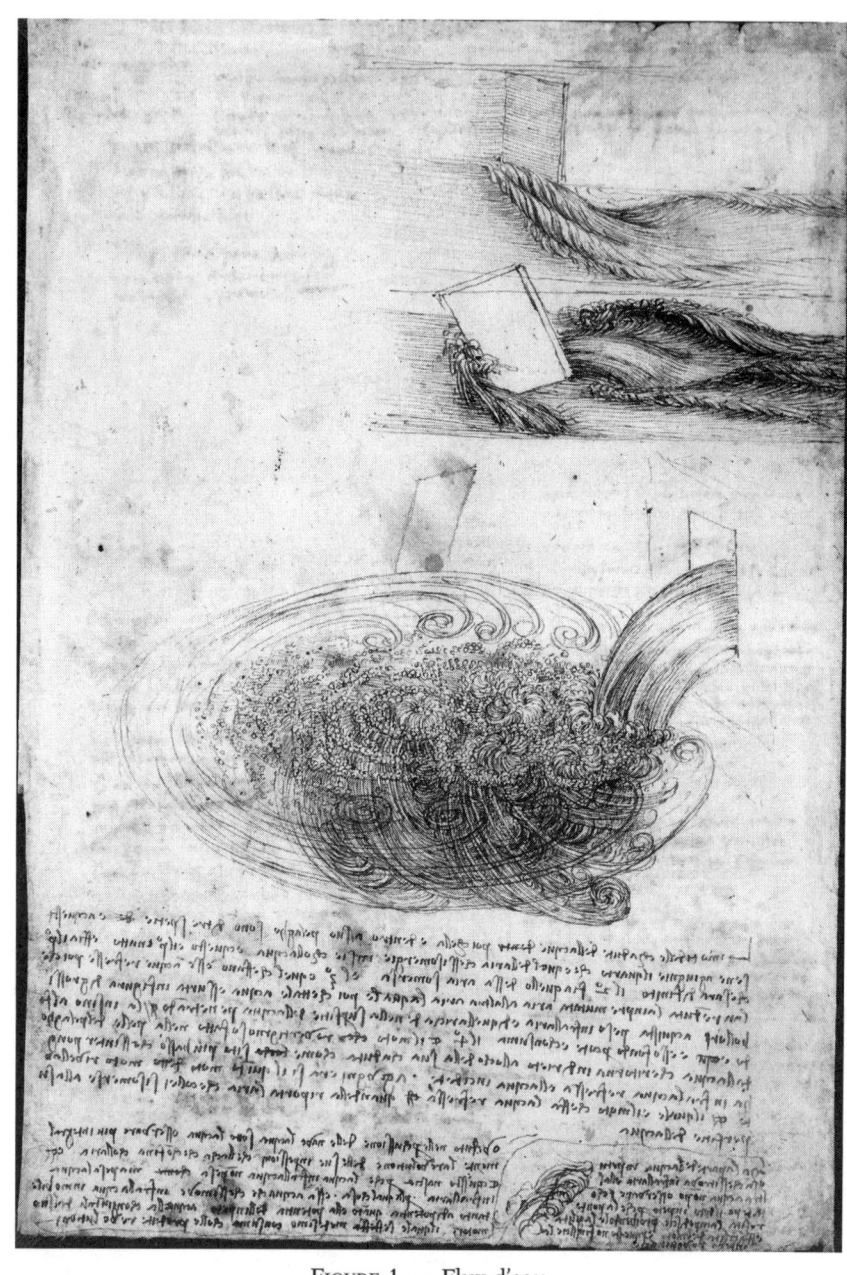

FIGURE 1. — Flux d'eau.
Plume, encre et craie noire.
295 × 205 mm.
Léonard de Vinci.

Chapitre premier

LE REGARD NU

Léonard de Vinci (1452-1519)
Bernard Palissy (1510-1589 ou 1590)

La page de Léonard

« Vous qui voulez représenter par des mots la forme de
l'homme et les aspects de sa constitution, abandonnez ce
projet — car, plus minutieusement vous le décrirez, plus
vous bornerez l'esprit du lecteur et plus vous l'éloignerez
de la connaissance de la chose décrite[1]. » Ainsi s'exprime
Léonard de Vinci : rien, ni la meilleure des observations,
ne saurait égaler le dessin.

Autonomes, non soumises au texte, les nombreuses
figures présentes dans ses codex et carnets de note n'ont
pas valeur d'illustration. Informations d'un type nouveau,
elles transmettent ce qui ne peut se dire : les observations
sans conclusions et leur cortège de questions, les intuitions
explicatives, les certitudes des résultats acquis. Les cahiers
des codex restent héritiers des rouleaux des volumen :
les textes, à lire du premier au dernier mot, s'y présentent
de manière pour nous déroutante dans une continuité
sans hiérarchie, sans page de titre, sans chapitres ni
paragraphes.

Libérant les mains pour une copie directe sans passage

---

1. L. de Vinci, Feuillets A 14 v., Bibliothèque de l'Institut de France.

par la dictée à voix haute, la substitution des rouleaux du volumen par les cahiers du codex avait, dès les premiers temps de l'ère chrétienne, favorisé la vue au détriment de la parole et contribué par ce silence à l'émergence d'une pensée critique. En rendant muet le texte, en lui offrant le nouvel espace de la page, le codex donne à voir : quand le volumen est affaire d'écrit, sa page s'organise comme une image. La pratique du dessin qu'il appelle ainsi bouleverse en retour les modalités de l'observation.

Les soixante-douze pages du *Codex Leicester*[1] dans lequel Léonard de Vinci analyse les mouvements de l'eau, de la Terre et de la lune, mesurent approximativement vingt-quatre centimètres sur quarante-trois. Elles comprennent plus de trois cent cinquante dessins insérés dans le texte. Au moment où il est composé, le livre se présente sous la forme de dix-huit feuillets empilés, composés chacun de quatre pages. Ce n'est qu'ultérieurement que ces feuillets seront reliés. Léonard de Vinci commençait par la page 4 de chaque feuillet, couvrant ensuite la page 3, puis la 2, puis la première d'une écriture en miroir. S'efforçant de toujours faire tenir un propos par page ; il était rare qu'il poursuive sur la page suivante le texte commencé sur la précédente. Les pages d'un même feuillet reflètent cependant des préoccupations communes. Si les dessins prennent généralement place dans une marge qui leur est réservée, l'organisation spatiale de la page montre une certaine liberté de l'alternance du texte et de l'image : les croquis et dessins précèdent le texte principal ou lui succèdent, selon les cas.

L'invention du tourbillon

Ignorant du grec et du latin, Léonard est resté en grande partie à l'écart de leurs productions et de leurs

---

1. L. de Vinci, *Le Codex Leicester, l'art de la science*, Musée du Luxembourg, Paris, 1997.

influences ; les bouleversements de l'imprimerie naissante n'ont guère laissé chez lui de traces directes. Loin des bibliothèques, loin des princes. On a souvent parlé de l'isolement du savant qui n'espère rien des discours mais tout de la nature et des faits. On a moins senti l'agressivité de sa pensée et les provocations de ses écrits qui remettent en cause les fondements mêmes des certitudes du savoir. L'écriture en miroir protège le secret des carnets car le savant n'attend que peu de choses de leur diffusion immédiate ; lucide il en pressent sûrement les dangers.

Le regard nu qu'il porte sur la nature est celui d'un pragmatique. Léonard de Vinci est un fabricant. Il a fait son apprentissage dans l'atelier d'Andrea del Verrochio, à Florence, entre 1470 et 1475. Hors la peinture, il y a appris l'art de couler le bronze, de tailler la pierre, de lever des plans, de construire des maisons, fortifier des villes ; toutes pratiques requérant des connaissances scientifiques. Ses connaissances théoriques sont souvent le fruit de démarches bien éloignées de celles d'une science spéculative. L'inscription des polygones à trois, six, huit ou vingt-quatre côtés dans un cercle est obtenue par l'utilisation de compas à ouverture constante : la rectification et la quadrature du cercle, en faisant rouler un cylindre le long d'une droite...

De tels savoirs alimentent autant la production du savant que celle du peintre. Au moment même où il rédige le *Codex Leicester* si riche de mouvements d'eaux et d'écumes, Léonard se consacre à la grande peinture murale de *La Bataille d'Angiar*. La peinture, inachevée, se présente comme un gigantesque maelström de formes animales et humaines. La figuration du combat a nécessité une étude approfondie des tourbillons de poussières ; Léonard de Vinci ne peut peindre sans savoir, ni savoir sans voir. La qualité de l'observation répond chez lui à l'urgence de la connaissance, elle-même sous la dépendance directe de l'action.

Il critique les artistes, « trop nombreux », qui ne possèdent pas les connaissances nécessaires à leur pratique :

« Pour agencer correctement les membres d'un nu en leurs positions et gestes, il importe que le peintre connaisse l'anatomie des nerfs, os, muscles, tendons, afin que sachant quel nerf ou muscle détermine tel ou tel mouvement, il ne montre proéminents et grossis que ceux-là et non le reste de la membrure, comme le font de nombreux peintres qui pour sembler grands dessinateurs, représentent des nus si ligneux et disgracieux qu'à les voir, on les prendrait plutôt pour un sac de noix que pour une forme humaine, ou pour une botte de raves plutôt que des muscles de nu [1]. » Car, « ceux qui sont férus de pratique sans posséder la science, sont comme le pilote qui s'embarquerait sans timon, sans boussole, et ne saurait jamais avec certitude où il va [...] ». Il importe de maintenir l'esprit alerte, ouvert à la création d'images : « N'imite point certains peintres qui [...] abandonnent leur œuvre et pour prendre de l'exercice, vont se promener, bien que la lassitude de leur esprit gêne leur vision ou leur perception des diverses choses. Souvent il leur arrive de rencontrer des amis ou des parents qui les saluent et bien que les voyant et les entendant, ils ne les remarquent pas plus que s'ils étaient de l'air. »

Loin d'entendre la raison et les conseils des anciens qui préconisent au savant de ne se pencher que sur les objets fixes et les formes simples, Vinci obéit *d'abord* à l'ordre du regard, s'attaquant résolument aux contours incertains. Les tourbillons indescriptibles ne font peur ni au savant, ni au peintre. C'est en artiste qu'il s'attaque à la figuration d'une tempête : « Que la mer agitée et tempétueuse tourbillonne, écumante, entre la crête de ses vagues ; et que le vent emporte à travers l'air orageux la poussière d'eau plus subtile, comme une brume épaisse et enveloppante. Tu représenteras les navires, les uns, la voile déchirée, les lambeaux claquant au vent avec leurs cordages rompus ; des mâts cassés sont tombés en travers du bord, et la fureur des vagues a brisé le vaisseau ; des hommes crient, accrochés

---

1. L. de Vinci, L 79 r., Bibliothèque de l'Institut de France.

aux débris de l'épave. Tu montreras les nuages sous la poussée des vents impétueux, lancés contre les hautes cimes des montagnes, ou en se tordant ils formeront des tourbillons comme la vague qui bat les rochers. L'air même sera effrayant, à cause des sinistres ténèbres faites de poussières, de brumes et de nuages épais[1]. »

Les mots de Léonard sont des images. Et les images du peintre ont valeur de mots : « [...] toi, peintre, si tu ne sais exécuter tes figures, tu seras comme l'orateur qui ne sait se servir de ses mots. »

C'est en savant que, tout en se référant à l'ouvrage de Théophraste *Du flux et du reflux, des tourbillons et de l'eau*, il étudie les conséquences des mouvements d'eau sur les ponts et les barrages : « Tous les ponts se désagrègent et s'écroulent en direction des courants qui approchent, les heurtent au-dessus et les sapent en dessous [...][2]. »

Les formes géométriques ne préexistent pas à l'observation et au dessin qui la commande ; elles en sont une conaissance. « La figure de l'écume qui reste en arrière, dans la vague, est toujours triangulaire et son angle se compose de la première écume et de celle qui était devant le point où la vague est tout d'abord descendue [...] Devant le môle, dans le port de Civita Vecchia, deux courants contraires se heurtent et dans cette percussion, leurs eaux opèrent des tours complets à la rencontre les unes des autres, en frappant de la surface à la base. Dans les éclaboussures, surgissent les figures géométriques. Ce tourbillon direct, quand il se produit dans l'eau ou dans l'air, déplace le sol avec force creusements et grattements. Et quand l'eau animée d'une grande force frappe une eau de force moindre, le remous décrit une courbe en pénétrant en ligne convexe dans le corps de celle dont la puissance est supérieure[3]. » Émergence d'un dénuement : le regard se rend pleinement récep-

---

1. L. de Vinci, Dessins 12665, Bibliothèque royale de Windsor.
2. L. de Vinci, *Codex Leicester*, feuillet 16 B, folio 16 v.
3. L. de Vinci, *Codex Atlantique*.

tif se vidant de tout a priori, de toute idée reçue. Bien plus tard, quand la photographie, le cinéma, s'empareront de ces choses vues et de leurs formes complexes, la géométrie s'en éloignera, rejetant au loin ces « courbes qu'elle ne saurait voir ». En facilitant l'étude des géométries fractales, l'usage des ordinateurs réveillera dans les années 1970 l'intérêt pour les formes compliquées de la nature.

Le geste du peintre, celui de l'écrivain ne sont pas seconds, mais premiers. C'est parce qu'il dessine, parce qu'il peint, parce qu'il écrit, que Léonard est un excellent observateur. Ni les textes, ni même la scène réelle et son observation attentive n'égaleront jamais les figures tracées à la plume : « Toi qui prétends qu'il vaut mieux assister à des dissections que de regarder des dessins, tu serais dans le vrai s'il était possible d'observer sur un seul sujet disséqué tous les détails que les dessins montrent. [...] Car une très grande confusion résulte de l'enchevêtrement des membranes avec les veines, artères, tendons, muscles, os et le sang qui teinte tout de la même couleur[1]. »

Fenêtre et lunette d'approche

L'observateur ne cesse de circuler entre deux extrêmes : disant « je », puis se retirant pour se placer hors du champ de la perception. Le *je* appartient au peintre ; le *parti pris des choses*, au savant. Ce dernier est tiraillé par des dilemmes qui ne concernent pas le peintre : les objets ont-ils une existence hors de l'observation ? « Si tu te places d'environ vingt-cinq brasses, sur un pont d'où tu veux voir l'image du soleil, dans les eaux de son fleuve, tu verras le simulacre du soleil se déplacer d'autant à la surface de cette eau. Et si l'on mettait ensemble toutes les images qui ont été vues au cours du mouvement en question, tu obtien-

---

1. L. de Vinci, *Quaderni d'Anatomia*, Bibliothèque royale de Windsor.

drais une image unique, en forme de poutre enflammée
[...] [1]. »

Le monde construit par Léonard de Vinci est celui des
choses vues, reçues, mais il s'arrache cependant à la subjectivité de l'auteur : la peinture — et Léonard insiste — doit
tendre vers un langage universel. Compris par tous. La
position des mains de Mona Lisa traduit ainsi la modestie,
la soumission. Elle obéit aux directives formulées par Léonard à l'attention des peintres. « Les femmes doivent être
représentées avec des gestes modestes, les jambes serrées,
les bras joints, la tête penchée et inclinée [2]. » Le tableau doit
parler : « prenez en compte les beaux visages », conseille
Léonard à ses lecteurs peintres, « mais non ceux que vous
considérez comme tels, ceux que l'opinion publique juge
beaux ».

Ainsi, fusionnent dans la peinture et les dessins de Léonard de Vinci la complexité d'une réalité brute et l'obéissance aux codes visuels et aux règles de la perspective. Ainsi
se côtoient un monde reçu par une fenêtre grande ouverte,
un monde vu par une lunette d'approche. Les figures du
peintre cherchent la ressemblance d'apparence. Les figures
du scientifique cherchent celle d'invisibles rouages, de
structures et d'architectures sous-jacente, de fonctionnements cachés.

Au peintre, les couleurs, les perspectives aériennes et
déjà le désir de plaire, la réponse consciente à l'attente d'un
public. Au savant, les schémas tracés à la plume et la
conscience aiguë du risque de déplaire. À l'exactitude codée
des figures du peintre, aux documents didactiques du scientifique, il conviendrait en outre d'ajouter les schémas de
l'ingénieur. Auto-mobiles, machines volantes, bateaux à
aubes, qu'ils fonctionnent ou dorment à l'état de schémas,
ne sont déjà plus des documents : ils annoncent la fiction.

---

1. L. de Vinci, D 6 r., Bibliothèque de l'Institut de France.
2. L. de Vinci, *Traité sur la peinture*, 253, fol. 51v., p. 106.

Bernard Palissy : images d'artiste

Bernard Palissy, qui naît en Saintonge quelques années après la mort de Léonard de Vinci, s'efforce lui aussi de rendre compte avec exactitude des choses de la nature. Mais alors que pour Léonard de Vinci la position de l'observateur est primordiale, pour Palissy, les choses possèdent une existence, des formes qui leur sont propres. Bien plus que Léonard, il croit à la nature divine des objets et phénomènes terrestres.

Léonard de Vinci s'efforçait de donner une image d'un monde *vu*, s'attardant sur les lois de la perspective. Bernard Palissy, lui, met au point une technique de reproduction radicale, obtenant directement par pression dans l'argile des marais les moules externes des lézards, des serpents et des grenouilles vertes vivant dans les herbiers de salicorne.

FIGURE 2. — Phoca vitulina L, phoque veau-marin.
Longueur : 126 cm. Empreinte d'un phoque dans l'argile.
Il s'agit là du seul mammifère moulé par Bernard Palissy
et du plus grand moule réalisé par ses soins que nous connaissions.

Par le même procédé d'empreinte, il conserve l'extraordinaire mémoire d'un phoque échoué sur les plages de l'Atlantique. Aux sophistications iconiques des horizons embrumés de Léonard succède un rapport brut, direct, indiciel à la nature : l'œuvre est directement affectée par son objet. Les animaux émaillés réalisés à partir de telles matrices sont si *vrais* que s'y tromperont les grenouilles, les salamandres et les lézards vivants. Si la photographie se définit par sa qualité d'empreinte, par ses caractères indiciels, alors Bernard Palissy s'installe, bien avant l'heure, comme le premier photographe.

Dans un pays en pleine expansion économique, enfin libéré des famines et des grandes épidémies, il est le représentant d'une classe sociale nouvelle[1] pauvre mais pleine d'espoir, ne sachant ni lire ni parler le latin, et n'hésitant pas — peut-être grâce à cela — à porter des yeux neufs sur le monde, remettant en cause les privilèges des savoirs acquis.

Les animaux émaillés de Palissy sont des *modèles*, substituts simplifiés de la réalité, sans en être la copie parfaite. La vérification de leur fonctionnement sert la cause du céramiste : si les animaux vivants s'y trompent, si de vraies grenouilles s'agglutinent autour des artifices, si la nature est prise au piège, alors l'habileté du fabricant sera démontrée.

Palissy décrit ainsi les batraciens et les reptiles qui peupleront les grottes artificielles de son jardin rêvé[2]. Le premier des cabinets, semblable extérieurement à un banal rocher, sera couvert intérieurement d'émaux de couleurs vives. Un grand feu allumé à l'intérieur les aura fait fondre et couler, dessinant d'étranges figures et des « idées fort

---

1. « [Dieu] a donné aux vns la science plus qu'aux autres ; aussi des biens de terre aux vns plus qu'aux autres. Et à ceux à qui il a donné la science, il n'a pas donné la richesse, à ceux à qui il a donné la richesse, il n'a pas donné la science, à celle fin que l'vn serue à l'autre. » B. Palissy, *Recepte veritable, par laquelle tous les hommes de la France pourront apprendre à mutltiplier et augmenter leurs thrésors*, s.d.
2. B. Palissy, *Recepte veritable..., op. cit.*

plaisantes » dans une belle métaphore des feux souterrains du volcanisme et des figures géologiques qui hantent l'auteur. « Semblable à du jaspe, du porphyre ou de la calcédoine », la paroi luira. Les lézards et les salamandres qui s'aventureront là se mireront de pied en cap, contemplant dans le miroir leurs petits corps de vertébrés, et leurs propres statues. Ainsi, la grotte se peuplera naturellement.

Dans le jardin même, des aspics et des vipères seront couchés et entortillés, mêlés aux végétaux des lieux humides : *Scolopendre, Capilla veneris, Politricon, Adianthus*. Les poissons, tortues, grenouilles, moustiques sortiront d'un fossé plein d'eau. Les salamandres et lézards ramperont sur les rochers, animés de plaisants contournements. Ainsi seront si intimement mêlés le vrai et le faux qu'il ne sera plus possible de les distinguer. Les hommes s'y tromperont comme les animaux.

Les animaux-images en céramique visent ici à provoquer l'enchantement et la fascination par l'illusion et la ressemblance du réel. Cependant, les fausses grottes, les fausses fougères, les fausses salamandres, possèdent quelque chose de plus que cette habileté à tromper. Non seulement ils ressemblent à cette nature créée par Dieu, mais en objets magiques, ils agissent par eux-mêmes. Ils attirent ainsi paradoxalement l'attention sur l'intelligence et le savoir-faire de celui qui leur a donné naissance. Le caractère sacré de tels artifices accentue la distance entre l'« artiste » et le monde des hommes : le créateur humain se rapproche du créateur divin.

Images de scientifique

Comme Léonard de Vinci, Bernard Palissy produit des images de science. Ces images, cependant, ne se matérialisent pas sous forme de dessins à la plume : elles restent tout entières contenues dans les textes. Bernard Palissy, qui n'est en ce milieu du XVIᵉ siècle qu'un simple potier, porte sur l'histoire de la terre un regard radicalement neuf. Contre les discours savants, « contre des millions d'hommes tant passés que vivants », il affirme des positions nouvelles sur le grand mouvement du cycle qui relie les eaux de la mer, du ciel, des grèves et des montagnes.

Au cœur du XVIIe siècle cependant, près d'un siècle après les travaux révolutionnaires de Bernard Palissy, le père Kircher montrera encore, par une gravure restée célèbre, l'immense circulation des eaux souterraines : issues de la mer, elles remontent vers les sources des montagnes par l'intérieur des terres, chassées par un feu central.

Pourtant, Bernard Palissy avait fait basculer la thèse antique des canaux souterrains en affirmant que l'« eau des rivières vient des nuages » : « Ils se trompent ceux qui affirment que les sources sont alimentées par les eaux venant des plaines circulant dans des canaux souterrains. » Aux schémas en vigueur, il avait substitué les circulations aériennes issues de l'évaporation, installant les nouveaux schémas mentaux d'un cycle de l'eau égrenant une succession de sources, rivières, fleuves, eaux marines, nuages et eaux de pluie.

Pour Palissy, inventeur du cycle, les eaux surgissent des sources ; elles s'élèvent des montagnes comme de grosses fumées qui obscurcissent l'air, se dilatent, se déploient et se fragmentent en pluies. Lorsque les nuées en mouvement prennent de l'altitude, elles se congèlent en neige. Ainsi les sources qui sortent des montagnes proviennent des pluies engendrées par les eaux qui s'élèvent, tant de la mer que de la terre. Et ces eaux sont transportées des mers et des plaines vers les montagnes par les orages, les vents et les tempêtes, tous messagers de Dieu. Tandis que les puits d'eau douce sont alimentés par l'eau des pluies provenant du côté opposé à la mer, les puits d'eau salée sont emplis directement par l'eau de mer. Et si les montagnes sont plus hautes que les plaines, c'est qu'elles possèdent, elles aussi, comme l'être humain, une charpente sans laquelle elles s'étaleraient comme bouses de vaches. Les pierres, les minéraux sont les os des montagnes. Les eaux de pluie ruisselant en surface altèrent ce squelette, s'engouffrant par les terres et les fentes, descendent sans cesse jusqu'à ce qu'elles trouvent quelque endroit de pierre ou de roche bien dense. Dès lors, elles se reposent. À la moindre ouverture, elles s'échappent en fontaines, en ruisseaux ou en fleuves. Et puisque l'eau des rivières ne peut remonter les pentes, elle descend les vallées. Ces sources ne sont guère abondantes mais il arrive des secours de dextre et de senestre, qui les aident et les augmentent. Comme le soleil et la lune, les eaux ne cessent de travailler, d'aller et venir, de produire et d'engendrer ainsi que Dieu leur a commandé. Voilà donc, selon Palissy, l'origine des sources, fontaines, fleuves et ruisseaux : il ne faut chercher ailleurs nulle autre cause.

Comme celui de Léonard de Vinci, le monde que nous lègue Palissy est riche de mouvements : les eaux vont et viennent, le sel se dépose, des tremblements agitent la Terre. Bernard Palissy affronte, lui aussi, la complexité. L'impact à long terme de ces images dynamiques fut tel qu'elles s'insèrent aujourd'hui dans le cours ordinaire des choses que nous ne voyons plus ; le cycle de l'eau se range au magasin des savoirs au sein desquels nous puisons régulièrement sans nous en apercevoir.

Les brillantes observations de Palissy naissent de savoirs pratiques. Un chaudron rempli d'eau bouillante âprement poussée par la chaleur tient lieu de livre des Philosophes. Et le bonhomme au caractère légendaire ne cesse de pester contre « les Grecs et les Latins » qui n'observent pas la nature, ne savent pas voir, et transmettent par leurs textes des idées erronées. Lui, qui n'a pas lu l'écran du ciel mais les entrailles de la Terre, n'a de cesse de transmettre à d'autres ce regard direct porté sur les choses. Les « Je mets cela sous tes yeux ! », les « Tu vois ! » ponctuent ses écrits. Voir, c'est déjà savoir. Dans le dialogue de la pratique et de la théorie que Palissy met alors en scène, la pratique devance toujours la théorie. C'est parce qu'il occupe durant un certain temps le métier de géomètre dans les marais salants de Saintonge qu'il en vient à s'interroger sur le cycle de l'eau et l'évaporation de l'eau de mer. C'est parce qu'il observe le lavage du linge ou la fabrication du vin, qu'il travaille sur les « sels » transporteurs des substances chimiques. Les points de vue développés sont sensiblement différents de ceux d'un Léonard de Vinci qui observe les montagnes, se penche au-dessus des parapets des ponts, interroge la solidité des digues, mais ne tire pas ses observations des métiers de l'agriculture, de la pêche ou des pratiques de la vie quotidienne.

Stratégies de diffusion

Les images créées par Palissy installent de nouveaux rapports au monde ; elles n'acquièrent leur force qu'après la mise en action de processus de validation et de diffusion. Bernard Palissy ne se limite pas à produire des faits ; il développe les stratégies matérielles et intellectuelles de leur transmission.

En cette année 1575, il placarde des affiches aux carrefours de Paris afin d'assembler les plus doctes savants, les gens de bien, de leur montrer les pierres minérales, les coquilles pétrifiées, les formes monstrueuses. Ayant vu cela de leurs propres yeux avant même l'édition de tout livre, les honorables et doctissimes seront aptes à constituer des témoins nombreux, intègres et soupçonnables. Afin de réunir les plus savants, les plus illustres, les plus curieux, Bernard Palissy indique sur ses affiches que nul n'entrera s'il ne paye un écu à l'entrée de ses leçons. Il prend soin d'ajouter que, s'il est démontré que ce qu'il raconte est faux, leur écu sera remboursé au quadruple. Palissy prend des risques, cherche l'affrontement théorique. Il sait bien que ni les « Grecs », ni les « Latins » ne l'épargneront tant à cause de l'écu qu'il leur demande qu'à cause du temps qu'il leur prend. Mais il souhaite cette contradiction qui assure plus d'assurance encore de vérité que les preuves logiques et factuelles qu'il peut mettre en avant. « Mais grâces à Dieu, jamais aucun homme ne me contredit d'un seul mot[1]. »

En une belle revanche, Palissy, pauvre potier de terre, eut ainsi face à lui les médecins de la reine de Navarre, le médecin de Monsieur le frère du roi, le premier chirurgien du roi, de célèbres apothicaires, le présenteur de l'église cathédrale de Narbonne, des experts ès arts, ès mathématiques. Le système qu'il met en place fonctionne mieux cependant comme mécanisme de validation que comme mécanisme de diffusion. Ses textes, imprimés, resteront peu connus.

Premières scissions entre art et science

Ainsi Bernard Palissy crée deux types d'images : celles qui ressemblent, celles qui expliquent. D'un côté les animaux d'émail ; de l'autre, les schémas de fonctionnement. Ces dernières figures ne s'actualisent pas chez lui comme chez Léonard de Vinci : elles sont de l'ordre du discours. Chez l'un comme chez l'autre cependant, ces schémas — dits ou tracés à la plume — affichent les résultats acquis.

Malgré leurs divergences, ces deux images, manifestations symboliques d'une force de l'au-delà, possèdent une unité profonde. Dans le cycle de l'eau, la puissance divine s'actualise par une indéfectible logique de raisonnement. Dans le jardin rêvé, elle se manifeste dans la perfection d'une technique d'imitation. Pourtant, les deux images tracent déjà les prémisses d'un double statut de leur auteur.

Par la création d'artifices, Palissy se fait artiste ; par la production de connaissances, il est scientifique. Même si la distinction entre art et science reste encore, à l'époque, à établir.

---

1. B. Palissy, *De l'art de la terre, de son utilité, des émaux et du feu*, s.d.

Jusqu'au XVIIIe siècle, le mot artiste désigne aussi bien « celui qui crée du nouveau » que l'« artisan ». Ce dernier mot, cependant, n'apparaît qu'au milieu du XVIe siècle. La hiérarchie entre l'artisan (qui fabrique) et l'artiste (qui fabrique et qui pense) ne verra le jour que plus tard, au XVIIIe siècle.

Ces premières scissions entre des formes scientifiques et des formes artistiques émergeantes évoluent en véritables fractures sous l'effet des évolutions industrielles du XVe siècle. En quelques dizaines d'années, l'imprimerie, la moulerie, la gravure industrielle connaissent d'irréversibles succès. Les textes écrits, la sculpture, la poterie, le dessin, la peinture s'en trouvent bouleversés. Palissy est homme consciencieux, perfectionniste, qui conçoit son art comme le fruit d'une recherche approfondie et s'obstine malgré les immenses difficultés matérielles. Pour lui, la production en série et son corollaire, l'anonymat, sont des déchirements. Ne pouvant se satisfaire de travaux imparfaits ou inachevés, il conserve la conscience aiguë qu'il faut continuer à « tâter dans les ténèbres » si l'on veut progresser dans la connaissance du monde et l'amélioration de l'entente entre les hommes. La valeur d'une chose, dit-il, dépend de son degré de rareté.

Dépité, il raconte comment, en cette première moitié du XVIe siècle, les figures de terre cuite moulées se vendent à vil prix sur toutes les foires et les marchés de Gascogne. Comment, à Limoges, les boutons d'émail qui valaient au départ trois francs la douzaine sont désormais fabriqués en si grande quantité que leur fonction sociale s'en trouve affectée. Produits en séries, leur prix s'abaisse. Les porter signe désormais une appartenance populaire. De tels boutons font honte aux gentilshommes qui préfèrent les laisser aux belistres. On voit de même vendre pour trois sols la douzaine de plaisantes peintures, dont l'émail est parfaitement fondu sur le cuivre. Boutons d'émail, enseignes, mais aussi aiguières, salières, vaisseaux de terre, que l'on n'appelle pas encore des « œuvres d'art » mais plutôt de « gentilles inventions », sont ainsi méprisés pour être devenus trop communs. Les verres dessinés et peints, destinés aux maisons ou aux églises, sont vendus à si bas prix que leurs auteurs vivent désormais dans la pauvreté. Dans les villages du sud-ouest de la France, ces verres colorés sont mêmes vendus à la criée par les vendeurs de vieille ferraille et de vieux drapeaux. Le malaise est tel que les peintres, qui faisaient âutrefois partie d'une sorte de « noblesse verrière », manifestent désormais leur regret de n'être pas roturiers.

Simultanément, l'apparition des livres imprimés cause du tort aux peintres et aux « portrayeurs savants » en ouvrant aux graveurs le champ qui leur était jusque-là réservé. Pour Palissy, l'invention d'un « Allemand nommé Albert[1] » a jeté sur le marché des gravures figurant des « histoires de Notre-Dame » qu'il juge grossières. En réalité, le métier de la figuration ne requiert plus les mêmes qualités : il ne suffit plus d'être habile à la figuration d'un monde vu en respectant les règles de la perspective, mais de maîtriser les nouvelles techniques de la gravure.

Les grands graveurs de la fin du xvᵉ siècle et du début du xviᵉ siècle ne sont pas des peintres, mais des orfèvres : l'apparition du livre imprimé les incite simplement à réaliser pour le papier ce qu'ils font depuis longtemps pour le métal des bijoux. Non seulement les nouvelles techniques de diffusion bouleversent les pratiques, mais elles génèrent rapidement de fiévreuses attentes. À partir de la fin du xvᵉ siècle, le style d'Albrecht Dürer s'impose dans la gravure sur bois, mais aussi sur cuivre : la demande d'ouvrages illustrés s'en trouve accrue. La ville de Nüremberg avec l'atelier de Wolgemut et les presses du grand éditeur Anton Koberger, celle de Bâle — toutes deux fréquentées par Albrecht Dürer — deviennent les deux grands centres européens de production de livres. Une telle ouverture déplace le sens de l'« œuvre d'art ». La destination de ces gravures en direction d'un public plus large participe de leur conception.

---

1. L'expression est de Bernard Palissy lui-même (*De l'art de la terre...*). Il s'agit d'Albrecht Dürer.

Pour Bernard Palissy, la multiplication des peintures par la gravure ne peut que conduire à oublier rapidement l'inventeur du dessin original. L'objet créé est désormais une marchandise destinée à s'exposer ; il n'est plus le fruit du travail de l'individu. Son coût prend la première place des préoccupations au détriment de la qualité de la réalisation, du talent et de l'imagination de son auteur.

L'industrialisation attire vers ces métiers de la gravure et de la moulerie un grand nombre de personnes ; concurrentes, elles ne peuvent que vivre pauvrement. Palissy pressent les difficultés à venir. Abandonnant son métier de peintre et portrayeur, il se lance éperdument dans la recherche de la fabrication de l'émail blanc, mère de toutes les couleurs[1] : « Sçaches [...] qu'il me fut monstré vne coupe de terre, tourner et esmaillee d'vne telle beauté[2], que deslors j'entray en dispute avec ma propre pensée, en me rememorant plusieurs propos, qu'aucuns m'avoient tenus en se mocquant de moy lors que je peindois des images. Or, voyant que l'on commençoit à les delaisser au pays de mon habitation, aussi que la vitrerie n'avoit pas grande requeste, ie vay penser que si i'avois trouvé l'invention de faire des esmaux je pourrois faire des vaisseaux de terre et autres choses de belle ordonnance, parce que Dieu m'avoit donné d'entendre quelque chose de la pourtraiture ; et deslors, sans avoir esgard que je n'avois nulle connoissance des terres argileuses, je me mis à chercher les esmaux [...][3] »

Les textes écrits par Palissy rendent compte d'un travail acharné, d'immenses difficultés théoriques, pratiques, matérielles et même sociales rencontrées dans une démarche de type expérimentale. À une époque où le dépôt

---

1. Palissy trouve le secret de l'émail blanc après seize années de travaux menés dans les pires conditions matérielles. Élargissant rapidement les palettes de couleur, il révolutionne la poterie vernissée héritée de l'Occident médiéval (l'art de l'émaillage était alors connu en Étrurie).
2. Il pourrait s'agir d'une coupe émaillée d'origine italienne soit contemporaine, soit remontant à l'Antiquité.
3. B. Palissy, *De l'art de la terre...*, *op. cit.*

de brevet n'existe pas, Bernard Palissy maintient le secret
de ses émaux, ne révélant quasiment rien de leur composition ou des conditions expérimentales de la fabrication. Il
connaît en effet les souffrances des émailleurs de Limoges,
victimes de la concurrence pour avoir, sans réfléchir,
divulgué les techniques de fabrication, les rendant dispo-
nibles à tous.

En déstabilisant les artistes, la première révolution
industrielle oblige à des redéfinitions. Il faut choisir : devenir ouvrier ou se définir comme artiste, bien que l'usage de
tels mots ne recouvre pas exactement leur sens contemporain. Au XVIᵉ siècle, la fabrication industrielle est spécifiée
par la mécanisation au service d'une multiplication et la
divulgation des secrets de fabrication qui va de pair.

Si l'ouvrier produit des objets en série, et bénéficie d'un
salaire en retour, les artistes optent pour des créations
uniques dans lesquelles entre — sous forme de travail, de
réflexions, d'essais et d'erreurs — une large part d'eux-
mêmes. Ce qui pourrait départager clairement la production d'un simple fabricant de la production artistique d'un
peintre-céramiste tel Bernard Palissy est la revendication
d'un singulier supplément d'âme, partie intégrante de l'objet fabriqué. Avec elle, la signature ; mais aussi la reconnaissance d'un travail de recherche approfondi, l'unicité de
chaque production, le maintien des secrets de fabrication.

Pour Bernard Palissy, les mots *ouvrier, artisan, artiste,*
n'ont pas de sens ; les positions économiques, sociales,
culturelles qui leur correspondent n'ont encore acquis nulle
clarté. Néanmoins, le sentiment d'un profond malaise né
d'une tension entre trois axes qui se dessinent s'exprime
nettement. Palissy est *artiste* lorsqu'il réalise des grottes
d'émail richement colorées. Il est *scientifique* lorsqu'il installe de nouveaux schémas du cycle de l'eau. Il est *ouvrier*
lorsqu'il doit produire en série des verres colorés pour des
cathédrales.

Les nouveaux outils de production et de multiplication,
les exigences nées de nouveaux usages, font évoluer le sens

de l'œuvre d'art, le statut de leur auteur. Palissy né en 1510, neuf ans seulement avant la mort de Léonard de Vinci, subit plus que lui les contrecoups d'une révolution de la production des œuvres d'art et des livres. L'individu, grognon, ombrageux, à la mauvaise humeur légendaire, est acculé à de terribles dilemmes : l'objet qui répond aux critères industriels n'obéit plus à ceux de l'œuvre d'artiste et celui qui répond aux critères artistiques n'obéit plus à ceux d'une production scientifique. Déjà, chez Léonard de Vinci, l'artiste ne recouvrait pas le scientifique ; l'œuvre du premier mimait les apparences, puisait aux albums de dessins réalisés par les maîtres comme aux sources de la nature. L'œuvre du second se présentait comme un écorché, un éclaté, la pénétration d'un intérieur par l'intelligence d'un regard ; à l'extrême, un schéma de fonctionnement.

La question du secret est au cœur du débat. Quand Léonard de Vinci code ses écrits, réserve aux seuls initiés la primeur d'affirmations estimées dangereuses, Bernard Palissy, confronté aux problèmes nouveaux posés par une ample diffusion des objets et des idées, gère d'une manière nuancée la question du secret. Maintenant soigneusement cachées les techniques de fabrication des céramiques et des émaux, il divulgue largement les savoirs relatifs aux remèdes contre les maladies pernicieuses, à l'agriculture, aux hasards et aux dangers de la navigation, aux sciences en général et à la parole de Dieu.

Une technique artistique doit être maintenue cachée. Un résultat scientifique doit être largement diffusé.

Simultanément sensible et rationnel, incrédule ou croyant, l'individu curieux du xvie siècle possède encore une profonde et belle unité. Qu'il s'agisse de piler le saphre, de broyer le litarge ou la cendre gravelée, de dénoncer les blasphèmes et la licence des mœurs, de déclarer les abus et ignorances des médecins, de rechercher le degré de fusion d'un émail ou de comprendre l'existence de coquilles fossiles au sommet des montagnes, le regard est le même, qui réveille le monde, le critique. Chaque fois, la certitude que la vérité viendra d'une attention nouvelle portée aux formes, aux couleurs, aux propriétés, aux mouvements. Chaque, fois, en corollaire, la dénonciation virulente de ceux qui refusent de voir. « [Si les Medecins] vont chez le malade, ils n'ont pas le loisir de le regarder, de tenir le poulx, voir l'vrine, qu'ils tendent la main pour avoir le salaire et s'en aller. [...] et voila les pauures malades bien servis, et à propos, là où le Medecin deuroit demeurer vne heure pour le moins à interroger son malade, pour preuoir les incidens qui suruinnent toutes les heures, pour y obuier, ils ne font qu'entrer et sortir, prendre argent et à Dieu [1]. »

Le malaise vient des tensions qui obligeraient un individu jusqu'alors complet à se situer dans des champs parfois contradictoires. L'artiste et le scientifique ont du mal à cohabiter non parce que le regard qu'ils portent l'un et l'autre sur le monde est différent, mais parce que les modes de transmission mettent en œuvre des techniques différentes. Leurs modalités, plus que celles de la production, sont responsables des premières fissures entre ce que nous nommons aujourd'hui « science » et « art ». Les conférences, les textes écrits sont les vecteurs de transmission des connaissances scientifiques. Les gestes techniques sont ceux des savoirs à dominante empirique, relatifs à l'agriculture, la médecine ou la navigation. L'œuvre d'art, elle, n'existe que par ses objets uniques, signés, voués à l'éternité.

Les hommes de la Renaissance qui contribuent à installer de nouveaux modes d'appréhension du monde ne connaissent que les prémisses de ces dissociations. À longue échéance, il importera de se situer soit comme artiste, soit comme scientifique. Être simultanément l'un et l'autre signifierait l'appartenance à deux systèmes contradictoires, impliquant deux positions opposées vis-à-vis des modes de reproduction mécaniques et industriels.

---

1. B. Palissy, *Recepte veritable..., op. cit.*

Chapitre II

LA DISSECTION

Giovanni et Gregorio de Gregori, 5 février 1494
André Vésale, 1543

La table de dissection

Bien avant l'invention de l'imprimerie à la fin du
xvᵉ siècle, la gravure sur bois se présente déjà comme un
moyen de produire des images aisément, en grand nombre.
Invitant au dialogue des regards, elle donne une impulsion
à l'« oser voir ». Les premières autopsies ont lieu dès le
début du xivᵉ siècle. Le regard qui s'affranchit alors du texte
des autorités médicales pour errer sous la peau appelle la
connivence, le partage, la transmission. L'image gravée
témoigne de la nouveauté radicale des dispositifs d'observation du corps.

Le médecin — le *lector* — vêtu de long, coiffé de rouge,
officie du haut d'une chaire de bois sculptée. Le corps d'un
homme est allongé en contrebas à même une planche soutenue par des tréteaux. Un assistant — le *sector* — muni
d'un long couteau à lame courbe, les manches retroussées,
entreprend la découpe ; six médecins et étudiants en robes
rouges ou noires l'entourent. L'un d'entre eux — l'*ostensor* — montre à l'aide d'une baguette les parties du corps à
observer. Sous la table de dissection, posée sur le sol dallé,
une corbeille s'apprête à recevoir les déchets.

Le corps d'un homme est sur le point d'être incisé, le

regard des protagonistes est suspendu ; la scène est grave, émouvante. Le docteur en chaire ne lit plus mais déjà regarde ; s'affranchissant en partie des textes des anciens, redonnant prise à une connaissance née d'une observation franche. Le regard direct du médecin parcourant le corps du mort n'a pourtant pas rompu toute attache avec la lecture des textes. Le *lector* se tient encore symboliquement au-dessus des étudiants, au-dessus de l'objet à observer et à comprendre, et, surtout, loin du *sector* — celui qui touche —, et de l'*ostensor* — celui qui voit, celui qui montre.

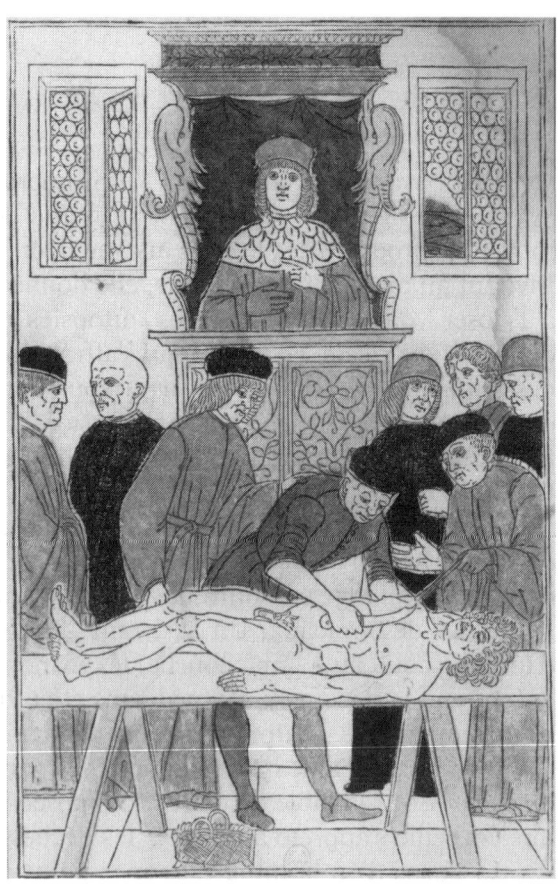

FIGURE 3. —
Dissection.
Gravure sur bois de fil coloriée à l'aquarelle, au pochoir, réalisée en 1493. Frontispice de l'ouvrage De fasciculo de medicina *de Mondino di Luzzi.*

La gravure est extraite du *De fasciculo de medicina* écrit dès le début du xive siècle. Elle n'aurait été réalisée que bien plus tard, en 1493, par un graveur anonyme à l'occasion de l'édition et de la publication de l'ouvrage l'année suivante, le 5 février 1494, par les frères Giovanni et Gregorio de Gregori[1]. Il est possible que le dessin fasse écho à l'année 1316 durant laquelle fut réalisée par Mondino di Luzzi une autopsie restée célèbre. L'ouvrage connaît un succès de deux siècles. Avant l'année 1500 il a déjà bénéficié de sept impressions différentes. L'organisation en chapitres reflète directement les difficultés liées à la conservation des diverses parties d'un cadavre : l'ouvrage, concis, traite successivement de l'abdomen, du thorax, de la tête, du squelette, des extrémités des membres.

Une seconde planche, dans les premières pages du *De fasciculo medicina*, figure l'attente de trois malades dans un cabinet bibliothèque encore riche des livres d'Aristote, de Galien, d'Hippocrate et d'Avicenne : la revendication d'une liberté nouvelle du regard n'empêche pas encore l'hommage rendu aux écrits des prédécesseurs. En réalité, l'observation du cadavre est plus un moyen de mémoriser les descriptions anatomiques des textes des anciens que la volonté de s'affranchir de ces mêmes textes. Vésale, plus tard, dans sa *Fabrica*, se moquera de ces professeurs juchés sur leurs chaires qui « comme des geais parlent de choses qu'ils n'ont jamais comprises mais qu'ils ont puisées dans les livres et confiées à leur mémoire sans jamais les regarder. »

Une gravure sur bois est un projet de diffusion. Cette finalité rejaillit sur l'ensemble de la chaîne de fabrication. L'aval conditionne l'amont : le travail des dessinateurs, des graveurs, des coloristes, des éditeurs, des colporteurs prend en compte déjà une telle logique de multiplication[2].

---

1. *De fasciculo de medicina*, Venise, Z. et G. di Gregori, 1493 in-folio. Caroline Karpinski, « Penny plain, tuppence colored », The Metropolitan Museum of Art Bulletin, vol. XIX, n° 9, mai 1961, p. 237-252.
2. M. Préaud, « Du coloriage à l'impression en couleur », dans F. Rodari (dir.), *Anatomie de la couleur*, Paris, Bibliothèque nationale de France, 1996.

Il est possible d'effectuer simultanément des lectures différentes d'une même image. La gravure du *De fasciculo* documente les dispositifs du regard chez les anatomistes des xive et xve siècles ; elle est en outre une trace offrant accès aux stratégies techniques et institutionnelles d'une séduction sociale par l'image. Ces deux lectures ne sont pas indépendantes : la réception d'une image résulte d'une tension entre la première et la seconde, entre une valeur d'externalité et une valeur d'énonciation. L'image dit le monde en se disant elle-même.

Utiliser les techniques de pochoirs et de gravure pour réaliser et diffuser l'image d'une exceptionnelle scène d'autopsie, c'est profiter des techniques récentes du faire voir et du faire savoir pour transmettre une idée. La gravure sur bois rompt avec la tradition d'une enluminure aux traits souples, aux multiples couleurs. Brun, rouge, noir, jaune : la xylographie du *De fasciculo de medicina* se limite à quatre couleurs. Les zones gravées en creux, non couvertes, restent blanches. La nécessité de produire vite, en grand nombre, a obligé à l'usage du pochoir qui explique le nombre restreint des couleurs. En prévision de la réception des à-plats sur le bois, le tracé des formes s'est fait sobre. L'esthétique, radicalement simplifiée, gagne en efficacité.

Les imperfections de la nouvelle gravure sur bois sont cependant flagrantes. Plusieurs espaces sont restés blancs. Le docteur en chaire et l'un des médecins en contrebas ont chacun une main blanche et l'autre rouge ; l'homme aux manches retroussées est chaussé d'un côté de brun, de l'autre de rouge. L'ensemble présente une certaine gaieté. Une rare tension dramatique devait pourtant animer la scène figurée — l'une des premières dissections.

L'autorisation exceptionnelle des premières pratiques d'autopsie au xive siècle donne ainsi naissance à une imagerie anatomique spécifique. Le corps médical se montre avant de montrer le corps du malade : ce ne sont pas les organes que figurent ces premières gravures mais les performances des médecins et des chirurgiens, rendant leurs exploits éternels. En 1345, déjà, sur l'une des gravures du manuscrit de Guido da Vigevanno, médecin de la reine de Bourgogne, un chirurgien présente frontalement un cadavre gris qu'il maintient dans la posture du chasseur vendant la peau du tigre.

La xylographie du *De fasciculo medicina* fonctionne de la même manière : elle est une adresse à l'intention du lecteur, un certificat, valorisant les acteurs de la dissection. Elle instaure une double fondation. Non seulement elle célèbre un événement, mais elle *est*, en elle-même, événement. La performance iconique est inséparable de la performance sociale. La modernité du bois gravé, multipliable à l'infini, justifie pleinement la mise en mémoire d'un acte fondateur du renouveau de l'anatomie[1].

Seules sont autorisées à l'époque les autopsies des criminels ; les gibets sont les principales sources de cadavres. Dans de petites villes comme Bologne et Padoue, chacun se connaît et respecte les morts, même victimes du gibet ; rares sont ceux qui acceptent de laisser les écoles d'anatomie s'en emparer[2]. Ainsi, les cadavres sont rares : une école d'anatomie ne dispose que de deux ou trois corps « officiels » par an. Comment alors mémoriser ce qui est dit, montré au cours d'une exceptionnelle séance de dissection ? Les poèmes anatomiques apportent une première solution à ces questions mnémotechniques ; l'imagerie en fournit une autre. Pour Samuel Edgerton Jr.[3], le problème des médecins est surtout de convaincre les anatomistes et les mécènes plus habitués aux livres qu'à la dissection des chairs, que l'esthétique n'est pas absente de l'horreur d'un corps découpé ; que de telles pratiques peuvent naître des

---

1. Il faut attendre cependant la fin du xve siècle pour que la xylographie s'impose vraiment. En réalité, le passage ne s'effectue pas brutalement. Le texte, plus explicite que l'image, guide longtemps l'œil des médecins.
2. S. Jr. Edgerton, « Médecine, art et anatomie », *Culture technique* n° 14.
3. *Ibid.*

œuvres d'art. La gravure, ses couleurs jouent ici l'un des rôle tenu par les riches coloris de l'imagerie médicale contemporaine.

L'amphithéâtre

Peu à peu la chaire occupée par l'autorité savante et dominant la table de dissection laisse place aux amphithéâtres. L'architecture du regard s'inverse. Le médecin ne parle plus du haut de sa chaire ; il est en bas, à proximité immédiate du corps autopsié. Le Maître observe, mais surtout, palpe, soupèse, sonde, évalue une fièvre, une forme, une consistance, un poids, une odeur, une pâleur ou une rougeur. Les étudiants, les collègues, le public, s'installent sur des gradins surélevés : la dissection est un spectacle à part entière. En ce milieu du XVIe siècle, les structures architecturales sont encore démontables. Le premier amphithéâtre permanent ne sera inauguré que le 23 janvier 1584 à Padoue.

En cette année 1543 est imprimé le *De humani corporis fabrica* d'André Vésale. L'Université de Padoue est alors l'une des plus brillantes d'Europe. La petite ville, passée en 1405 sous la souveraineté de la puissante et riche République de Venise, connaît depuis une période d'effervescence intellectuelle. Venise protège le *Studium* de Padoue, ni trop proche, ni trop éloigné d'elle. En contrepartie, les sujets de la République n'ont pas le droit de fréquenter d'autres universités. L'audace d'une pensée à la fois libre et contrôlée qui s'installe à Padoue peut étonner. Elle n'existe cependant que grâce aux infrastructures tant techniques qu'institutionnelles qui concourent à la transmission des idées. L'Université est un lieu de passage, d'échange de livres et de personnes. Les professeurs, nommés pour quelques années, ont de lourdes charges d'enseignement mais bénéficient en revanche de salaires élevés : le recrutement peut être exigeant. Padoue attire ainsi de tout le continent européen les esprits brillants. La discussion est favorisée : elle est le moteur de l'innovation. Afin de favoriser les échanges, il est interdit aux professeurs de lire leurs notes.

La faculté de médecine, très renommée, novatrice, est aussi la première d'Europe à dispenser un enseignement clinique. Et l'Université de Padoue favorisera les visites aux malades, comme elle aidera la mise en œuvre de dissections de cadavres : les étudiants ont autant à apprendre d'une confrontation avec les gens, avec les corps, avec les choses, que d'un enseignement universitaire. L'amphithéâtre qui fait son apparition à Padoue est à la fois le lieu des échanges oraux et celui de la transmission des regards. L'architecture, qui permet de voir de n'importe quelle place la démonstration d'un professeur, a la forme d'un œil.

André Vésale, le Bruxellois, est venu compléter ses études à Padoue. Le 5 décembre 1537 il est reçu docteur en médecine de l'Université. Le 6 décembre, il est nommé responsable de la chaire d'anatomie et de chirurgie. Entre le 6 et le 24 décembre se déroule sa première leçon d'anatomie, à partir de la dissection du corps d'un garçon de dix-huit ans. L'expérience ne peut être conduite à terme pour cause de putréfaction, mais André Vésale conserve le squelette. Quelques mois plus tard, il publie les *Tabulae anatomicae sex*, illustrées de six planches gravées : trois d'entre elles sont consacrées aux veines et aux artères, trois au squelette. L'ouvrage est une innovation technique : il intègre textes et figures. Pour Jackie Pigeaud[1], pour O'Malley[2], il s'agit là de la « première exposition picturale du système physiologique de Galien ».

L'opération, cependant, marque une rupture essentielle entre la médecine de Galien et celle de Vésale : celle du texte et celle du regard. Techniquement, socialement, les *Tabulae anatomicae sex* préfigurent les planches à venir

---

1. J. Pigeaud, « Médecine et médecins padouans », *Les Siècles d'or de la médecine, Padoue xve-xviiie siècle*, Milan, Electa, 1989.
2. O'Malley, *Andreas Vesalius of Brussels, 1514-1564*, Los Angeles, Berkeley, 1964.

de la *Fabrica*. Déjà elles mettent en œuvre une séduction du regard enchantant la science la plus nécessiteuse en ce domaine : l'anatomie. La chaire occupée par André Vésale — celle d'anatomie et de chirurgie — concerne trop directement les manipulations du corps humain pour être prestigieuse. Rapidement cependant, Vésale la portera à un haut niveau d'exigence. Les gravures, les dessins, la qualité des publications joueront un rôle important dans la réhabilitation d'une science tenue jusque-là pour inférieure. La charge d'enseignement d'André Vésale sera reconduite en 1539 ; son salaire augmenté.

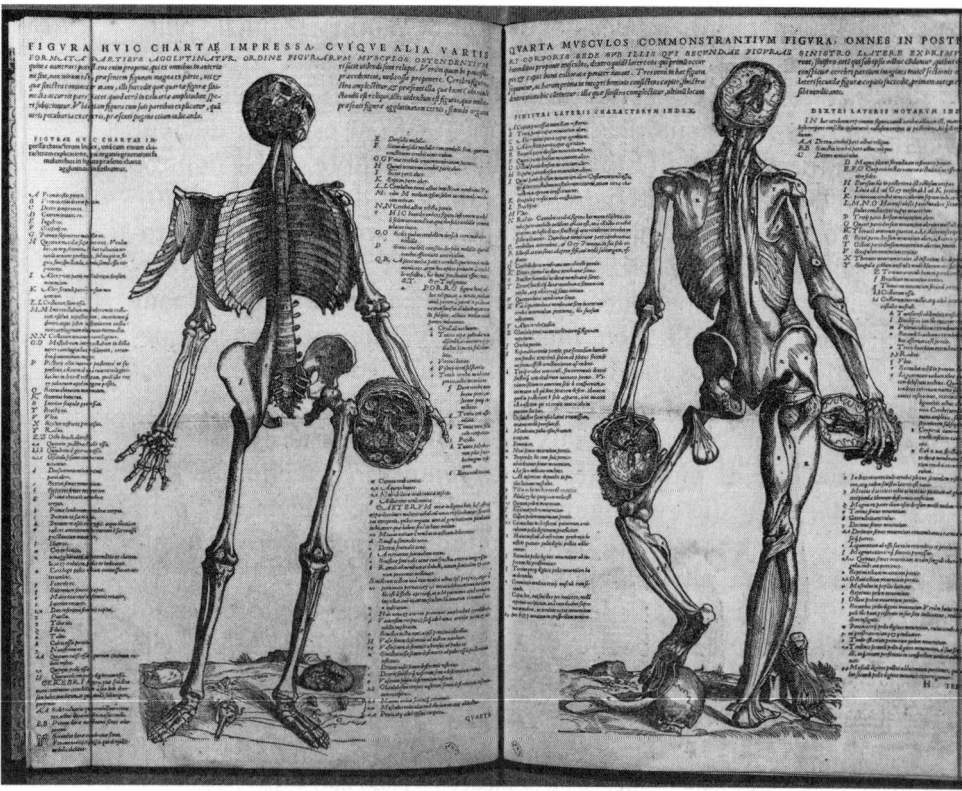

FIGURE 4. — Planche anatomique.
Gravure sur bois publiée dans André Vésale, La Fabrica, *1453.*

La fabrique

On ne peut feuilleter sans émotion les grandes planches du *De humani corporis fabrica*.

Les écorchés, les squelettes s'y installent fiers, en position de vie au cœur d'un monde à visage humain. Falaises, touffes d'herbes, arbres noueux, villes ceintes de murs, rendent familiers ces écorchés jardiniers tenant des crânes entre leurs mains, se dressant déhanchés vers le ciel, brandissant leurs lambeaux de peau comme des oriflammes ou appuyant songeurs leur coude gauche sur le coin d'une table. Sur le sol, parsemant les mottes de terre : un larynx, des cartilages, un pied. Fragments dérisoires aux drames adoucis. Ce qui est montré n'est pas seulement une anatomie, mais la posture nouvelle et sereine d'un Homme qui prend connaissance de lui-même, au cœur d'une géographie à son échelle.

Le mot *fabrica* aurait été emprunté par Vésale aux platoniciens, adeptes de la *fabrica naturae*[1]. Le corps de l'Homme de Vésale est une fabrique de la nature ; il en est non seulement, une économie, mais aussi une construction ingénieuse, le fruit de ses intentions, celui de son industrie. La *fabrica* de Vésale est une organisation admirable : le corps ne comprend que des éléments indispensables à la vie. Rien de plus, rien de trop.

La planche du frontispice gravée en 1543 présente l'autopsie publique d'une femme au cœur d'un amphithéâtre. Vers elle convergent les regards d'une foule indescriptible : une centaine de médecins, d'étudiants, de notables ou simplement de curieux, tendent le cou, écarquillent les yeux. La touffe d'herbe de la corniche incite à penser que la scène se déroule en extérieur. Au cœur de la scène, posé sur un linge, le corps. Au voisinage immédiat du cadavre, le

---

1. J. Pigeaud, *op. cit.*

maître : André Vésale en personne. Un barbier, à peine visible, attend, les coudes appuyés sur la table, tenant encore le rasoir. Sous la planche de bois supportant le cadavre, vaguement à l'abri, un homme écoute et prend des notes. Un seul personnage concentre désormais les fonctions de *magister* et d'*ostensor*. André Vésale, celui qui sait et qui transmet, est aussi celui qui regarde et qui montre. Ses fonctions d'*explicator chirurgiae* lui valent l'admiration et le respect. La preuve n'est plus l'écrit mais le « vu ». La connaissance est désormais subordonnée au vérifiable.

À gauche et à droite de la scène, à l'écart du spectacle scientifique, délaissés, symboliques, le singe et le chien qui firent autrefois les délices de l'anatomie de Galien mais sont encore pour Vésale une aide précieuse. Sur la colonnade classique qui entoure l'amphithéâtre, les propres armes de l'auteur, encadrées de deux putti et de lions, rappellent que la scène se déroule sur le territoire de la puissante République de Venise.

Au milieu de la foule, grandiose, sublime, dominant de sa haute stature les grouillements du corps médical, se dresse le squelette. Porteur du savoir — l'ostéologie est le fondement de la connaissance anatomique —, il est la connaissance. Ce squelette tient une hampe dont l'extrémité inférieure croise la direction du doigt pointé par le maître au point précis de l'utérus de la femme autopsiée [1]. Le point central de la gravure serait ainsi occupé par le « Lieu de la génération ». Cette dissection des organes féminins opère une coupure radicale avec la médecine galénique, tant sur le plan des dispositifs techniques et institutionnels que sur celui des méthodes et des idées. Il importait que cela figurât dans le frontispice même de la *Fabrica*. Pour Vésale, la « génération » est un magnifique subterfuge trouvé par Dieu pour éviter la disparition de l'espèce humaine.

---

1. Catalogue de l'exposition *Vésale*, Bruxelles : Elkhademotal H. avec la collaboration de Dumortier C., (textes de), André Vésale, expérimentation et enseignement de l'anatomie au XVIe, Bibliothèque royale Albert Ier, Bruxelles, 5 novembre au 5 décembre 1993.

La *Fabrica* comporte plus de deux cents gravures. Premier grand livre d'anatomie de la médecine occidentale mais aussi premier traité de dissection, diffusé dans plusieurs pays étrangers, elle servira de référence pendant plus de quatre siècles. L'*Encyclopédie* de Diderot et de D'Alembert s'en inspire pour ses planches d'anatomie. En donnant à voir, la gravure évite l'usage d'une terminologie anatomique imparfaite car trop neuve : les mêmes organes sont désignés par des mots différents et ceux qui n'ont pas de nom sont indexés par des périphrases. Immédiats, simples comme des tableaux synoptiques affichant des résultats certains, les dessins pallient les déficiences et les lourdeurs du langage.

Le frontispice gravé d'un autre ouvrage, le *De re anatomica libri* du collaborateur et successeur d'André Vésale à la chaire d'anatomie de Padoue en 1542, souligne et renforce les liens entre le regard et le dessin. Outre le maître qui donne à voir tout en tenant l'un des bras du cadavre, des disciples s'affairent autour du corps autopsié ; ils dessinent *de visu* le corps allongé ou lisent simultanément des ouvrages illustrés d'anatomie.

Pour la gravure et l'édition de la *Fabrica*, André Vésale a préféré Bâle à Venise. Ce choix, privilégiant une ville éloignée de Padoue, peut sembler étonnant. Venise, à l'époque, est un grand centre d'édition et d'impression de gravures où la censure ne s'exerce pas d'une manière trop sévère. En ces débuts des années 1540 cependant, la ville est en déclin économique. Bâle, située au cœur de l'Europe sur la route des Flandres, offre, elle, la promesse d'une ouverture vers une Europe du Nord en pleine expansion dont André Vésale est, en outre, originaire. En 1542, il se déplace jusqu'à Bâle afin de superviser la fabrication de l'ouvrage. Il y séjourne durant plusieurs mois. Les bois de poirier dessinés et gravés par plusieurs artistes, confiés à un marchand, ont été acheminés à dos de mules par le col du Saint-Gothard. Ils sont arrivés un peu plus tard que les textes, attendus par l'éditeur Joannes Oparinus[1] qui ne pouvait traiter les uns

---

1. Joannes Oparinus né en 1507 est mort en 1568.

sans les autres. Ancien collaborateur de Paracelse et professeur de grec, Joannes Oparinus s'est récemment installé comme éditeur. Au moment où il prend en charge la *Fabrica*, il vient d'éditer la première traduction latine du Coran : l'ouvrage l'a conduit quelque temps en prison.

L'ordre suivi dans la *Fabrica* n'est plus imposé, comme dans les *Tabulae anatomicae* par les difficultés liées à la conservation des organes. Comme une démonstration par le visible, il aligne ses deux cents gravures en sept chapitres. Le premier livre concerne le squelette, fondement de toutes les structures anatomiques du corps, architecture directement responsable des formes, des positions et des mouvements. Le second livre, logiquement, la myologie. Suivent ensuite les systèmes de liaison : système nerveux et artériel. Puis les organes : ceux de l'abdomen, ceux du thorax, puis le cerveau. L'Homme de Vésale n'est plus un assemblage d'organes ; il est une anatomie intégrée, douée d'une unité. L'Homme de Vésale n'est plus celui de Galien, puisque « tout autre est Vésale[1] » : il est son propre démonstrateur.

Les textes écrits mêlent aux descriptions anatomiques des commentaires sur les pratiques de dissection et sur les dessins eux-mêmes. La dissection comme le dessin, qui tous deux portent le caché au visible, sont élevés au rang de médiums.

Les planches de la *Fabrica* frappent tant par leurs qualités artistiques que par leurs qualités scientifiques. Et cependant, trop coûteux, l'ouvrage ne connaît pas la diffusion espérée. Les acheteurs préfèrent l'*Epitome*, édité par Vésale quelques semaines plus tard. Destiné aux étudiants et aux artistes, concis, ce dernier ouvrage facilite l'apprentissage rapide de la nouvelle anatomie. Les textes sont courts. Le livre, qui comprend neuf gravures, connaît un succès immédiat. Il est très vite traduit en Allemand.

---

1. G. Canguilhem, *L'Homme de Vésale dans le monde de Copernic*, Paris, Les empêcheurs de penser en rond, 1991.

En cette année 1543 durant laquelle est éditée la *Fabrica*, André Vésale devient médecin de l'empereur Charles Quint. Mais à la cour, certains médecins, jaloux de son succès, critiquent ses travaux en présence de l'empereur. L'accueil réservé à la *Fabrica* reste froid. Vésale en est profondément blessé. L'empereur, cependant, lui montrera de profondes marques d'estime : il veillera notamment à ce que, après son abdication au bénéfice de son fils Philippe II, Vésale conserve les mêmes fonctions et bénéficie d'une rente à vie. Très vite cependant la *Fabrica* appelle les contrefaçons. André Vésale, amer, se plaindra dans une lettre à Oparinus de la faible valeur des décrets des princes aux yeux des libraires et des imprimeurs.

L'ouvrage se vend mal : la seconde édition ne voit ainsi le jour que douze années après la première. Elle est un chef-d'œuvre. La qualité artistique est améliorée. Le papier est plus épais. La typographie, plus claire. Les caractères, plus grands. L'ouvrage, plus lisible. La maîtrise de la gravure atteint la perfection. Une moindre attention, cependant, semble avoir été portée à la réalisation du frontispice de la seconde édition. Comme s'il n'importait plus désormais de convaincre de l'efficacité de la machine de vision. Le squelette, dressé dans le fond de l'amphithéâtre, ne porte plus les oriflammes de la connaissance, mais une faux.

La valeur artistique des planches, le soin porté à leur fabrication, à la « forme » du livre qui fut parfois considéré comme le plus beau du monde témoignent de l'attention de l'auteur à la réception publique de ses travaux. Ils ont pour fonction directe de mobiliser les mécènes dont l'aide est indispensable et de susciter l'adhésion des anatomistes à la nouvelle pratique de la dissection de cadavres humains. La dissection publique, la gravure, l'imprimerie, sont trois médiums dont l'usage trahit la volonté d'André Vésale d'ancrer ses travaux dans le monde contemporain en donnant à voir. Pour lui, la production d'idées neuves est indissociable de la gestion matérielle et institutionnelle de leur transmission. En cela aussi, il est homme de la Renaissance. Georges Canguilhem renchérit : « Nous savons bien aujourd'hui tout ce que la Renaissance aurait pu devoir à Léonard de Vinci. Mais nous avons affaire à l'histoire, qui n'est pas l'uchronie. En 1543, l'homme qui vint au monde dans le monde de Copernic, ce fut l'homme de Vésale[1]. »

---

1. Georges Canguilhem, *op. cit.*

Chapitre III

L'INVENTAIRE

Pierre Belon, 1551
Albrecht Dürer, 1515

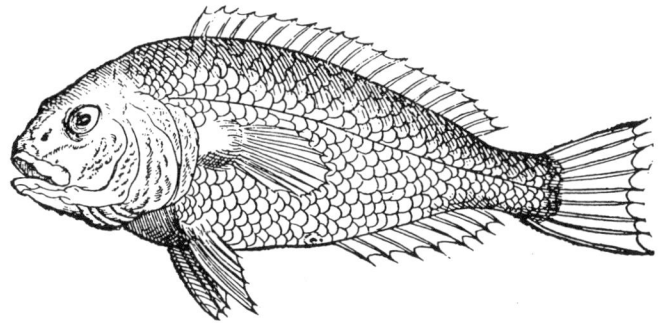

FIGURE 5. — Dorade.
Gravure sur bois publiée dans Pierre Belon, La Nature et diversité des poissons
avec leurs pourtraicts representez au plus près du naturel, *1555.*

Formes exactes

Au cours de la première moitié du XVᵉ siècle, le statut
des images des traités de zoologie se modifie progressivement mais radicalement[1]. Les dessins, les gravures, issus
d'une observation directe, précise, se substituent peu à peu

---

1. K. Kolb, *Graveurs, Artistes et Hommes de Science,* Paris, Édition
des Cendres-Institut d'étude du livre, 1996.

aux créatures nées de la fièvre des discours. Les images guident l'observation, s'installent en outils de détermination. Elles abandonnent leurs caractères de vignettes décoratives susceptibles d'apporter leur soutien à des textes variés. Dans les ouvrages de zoologie, elles prennent la première place.

La mer, lieu de vie d'êtres rarement observés avec attention, s'ouvre à la connaissance. Les savants, les voyageurs s'aventurent sur des flots qui font de moins en moins peur et se vident de leurs monstres. Les gravures figurant des poissons y gagnent une précision qui les rapproche de celles des oiseaux, plus proches des Dieux et à ce titre, observés depuis longtemps comme figures de la divination[1]. La mer, désormais objet du regard, perd son opacité. Ce qui est observé doit être dessiné, car la nature ouvre la voie de la connaissance : « Celui qui aura pris l'habitude de tout emprunter à la nature rendra sa main si exercée que dans tout ce qu'il entreprendra on sentira la nature elle-même[2]. »

L'image gravée se voit assigner une fonction de diffusion des savoirs. Elle se doit de rendre compte à la perfection des caractères de reconnaissance : la forme des écailles, la position des nageoires, celle des barbules près de la bouche. En corollaire, les différences entre les espèces se précisent. Le Turbot, la Sole, la Daurade, sont distingués avec précision. L'image ouvre la voie d'un dialogue, celle d'une critique : les formes de la nature deviennent objets de discussions.

Formes rêvées

Les ouvrages savants, pourtant, n'abandonnent facilement ni leurs formes rêvées, ni leurs fantasmes. Pierre

---

1. K. Kolb, *op. cit.*
2. *Alberti*, cité par Katharina Kolb, *op. cit.*

Belon, naturaliste et écrivain de langue française, publie en 1551 son *Histoire naturelle des estranges poissons marins, avec la vraie peinture et description du Daulphin*, illustrée et aquarellée à la main. Trois ans plus tard paraissent les *Libri de piscibus marinis* [1] de Guillaume Rondelet, illustrés eux aussi. Quelques années plus tard, le naturaliste zurichois Conrad Gesner s'efforce de réunir dans son encyclopédie zoologique l'ensemble des textes antérieurs écrits sur les animaux en général et sur la faune marine en particulier. Pour Pierre Belon, l'œil, « qui ne semble pas petit témoignage », y est l'instrument d'une description rigoureuse des habitants des mers. Attiré par l'inattendu et la curiosité, il a figuré les « choses rares », susceptibles d'être utiles aux générations ultérieures. Lorsque l'observation immédiate n'est guère possible — pour les poissons de l'Asie, de l'Afrique, et même de l'Europe — il a fait appel aux « plus exigeants spécialistes », aux documents d'archive. Homme de grande rigueur, il n'échappe cependant pas aux récits exaltés : au voisinage de dessins d'une remarquable exactitude, il figure des monstres, des chimères. Le cheval marin plantigrade à tête d'ours qui s'attaque à un crocodile du Nil est copié du revers de la médaille de l'empereur Adrien. La description même de cet être imaginaire est hasardeuse. L'*Histoire naturelle des estranges poissons marins* confond le cheval à tête d'ours avec le « Cheval de Neptune » au corps de dauphin, chimère résultant de l'union des deux meilleures bêtes de l'air et de la Terre et symbole des pouvoirs princiers : la mer qui engloutit laisse imaginer des « choses monstrueuses et d'étrange force ».

Belon hésite pourtant. Convient-il encore, en ce milieu du XVIe siècle, de prêter foi aux textes de Pline ? Faut-il tendre l'oreille aux récits de ces nobles qui ont vu la nuit un homme marcher sur les navires, enfonçant au passage

---

1. *Libri de piscibus marinis in quibus verae piscium effigies expressae sunt et universae aquatilium historiae pars altera, cum veris ipsorum imaginibus*, Lyon, 1554.

plusieurs d'entre eux avant de se jeter lui-même à la mer ? Peu de temps auparavant, en Norvège, un homme au corps couvert d'écailles avait été vu par de nombreuses personnes alors qu'il se promenait sur la grève, prenant le soleil à son aise. Et encore, un poisson portant les ornements pontificaux fut pris près de la Pologne et envoyé au roi de ce pays. Les témoignages fusent. Et l'on raconte aussi qu'à Amsterdam, lors des grandes inondations, un monstre féminin fut trouvé dans un lac. Porté à la ville d'Edam, il vécut quelque temps avec les femmes de ce pays. Mais surtout, près de la ville de Den Elepoch en Norvège, au pays de Diezunt, fut trouvé un poisson marin portant visage de moine. Ce personnage étrange à la robe d'écaille bleu vif, aux bras en forme de nageoires, au crâne orné d'une tonsure ne vécut que trois jours. Et durant ces trois jours, ne prononça aucun mot, ne parla point, se limitant à pousser de longs soupirs plaintifs. Le poisson-Moine à robe bleue qui figure dans le *Traité des poissons* de Pierre Belon se retrouve dans les *Libri de piscibus* de Guillaume Rondelet. Présenté comme une espèce à part entière, il voisine là avec le Carrelet et la Sole.

Pierre Belon cependant accuse : les flagorneries sont directement responsables des fictions et des fables. Les peuples, en effet, ne veulent voir que ce que les puissants voient eux-mêmes ; non ce qui *est*, mais *ce qu'il convient de voir*. Fruits d'une servitude volontaire, les figures imaginaires naissent pour lui d'une soumission au pouvoir politique. Devenu prudent, il écrit en tête de l'*Histoire de la nature des oyseaux* publiée en 1555 : « Des oiseaux dont nous avons baillé le portrait, n'en exceptons aucun que nous ne l'ayons manié et eu en notre puissance [...]. Plusieurs oyseaux nous sont demeurés sans portraicts, ne les voulant supposer, comme quelques modernes ont fait des animaux, peints à discrétion sans les avoir onc veuz. » L'utopie d'un inventaire complet des végétaux et des animaux est soutenue par la croyance en l'unité du monde : Pierre Belon fait ainsi figurer côte à côte, sur la même planche, le squelette d'un homme et celui d'un oiseau. L'animal est debout, ses ailes tombent le long du corps, comme des bras : l'homologie de structure est mise en évidence.

FIGURE 6. — Moine de mer. *Gravure sur bois coloriée en bleu à l'aquarelle publiée dans Pierre Belon,* La Nature et diversité des poissons avec leurs pourtraicts representez au plus près du naturel, *1555.*

Submersions

Le regard neuf porté sur les choses de la nature engendre une prolifération de formes et de couleurs ; il faut classer, nommer. Pour Belon, font partie des poissons qui

ont du sang : « Les plus grands poissons appelés cétacés »,
« Les bêtes de double vie qui ont quatre pieds et font des
œufs », « Les poissons plats et cartilagineux qui font leurs
petits vivants », « Les poissons épines qui rendent des
œufs ». Sont à ranger parmi les poissons qui n'ont pas de
sang : « Les poissons couverts de croûte ou dure écorce » et
« Les espèces de sauterelles à queue longue ». Le naturaliste
suisse Conrad Gesner[1], l'Italien Ulysse Alvodrandi[2], ses
contemporains, se lancent dans des entreprises de recensement qu'ils sont obligés d'abandonner, ne pouvant plus
suivre la croissance du nombre des espèces connues. Le
Totius historiae naturalis parens du premier remplit quatre
mille cinq cents pages. Les dix tomes écrits par le second,
sept mille pages[3]. Tous ces ouvrages sont riches de figures
imaginaires, d'animaux fabuleux.

Il faut faire vite. Conrad Gesner, le « Pline de la zoologie », réutilise des figures de Pierre Belon. Ses propres gravures seront à leur tour largement copiées. Gesner, qui a
« donné tous ses soins à son ouvrage », estime que sa
grande encyclopédie zoologique devrait tenir lieu de bibliothèque du monde. Il devrait désormais être inutile de
recourir à d'autres auteurs. Durant les dernières années de
sa vie, il travaille à la réalisation d'une histoire des plantes,
illustrée de dessins de haute précision. Cet *Opera botanica*
restera inachevé.

Comme Ulysse Alvodrandi, Conrad Gesner s'essouffle,
submergé sous le flux des savoirs. À défaut d'un système de
classification efficace, l'un et l'autre utilisent — à l'intérieur
des divisions traditionnelles — des classifications
alphabétiques.

---

1. Conrad Gesner né à Zürich en 1516 est mort dans cette ville en 1566.
2. Ulysse Alvodrandi né à Bologne en 1522 est mort dans cette même ville en 1605.
3. Voir Y. Laissus, « Encyclopédisme, collection, classification dans les sciences de la nature », *Tous les savoirs du monde*, Paris, Bibliothèque nationale de France-Flammarion, 1996.

L'imprimerie, la gravure appellent les inventaires et la mobilisation des regards. Elles génèrent un double déluge : celui des espèces connues, celui des livres.

En ce milieu du XVIe siècle, le torrent de la production imprimée fait naître un véritable désarroi : initiant la production d'ouvrages inutiles ou futiles, elle entraîne dans l'oubli les textes dont, paradoxalement, elle prétendait conserver la mémoire[1]. Conrad Gesner est confronté non seulement à la masse des connaissances naturalistes mais aussi, déjà, à celle des livres. Homme d'inventaires, de collections, il recense : non seulement les animaux, non seulement les plantes, mais aussi, les livres. En 1545, il publie un nouveau chef-d'œuvre, la *Bibliotheca Universalis*, catalogue universel des œuvres et des écrivains.

Gravure sur cuivre et diffusion de masse

Si l'extension des textes imprimés et des gravures donne un élan nouveau à la connaissance scientifique, elle fixe paradoxalement, pour de longues années, les lacunes de l'observation. Le dessin, fort structuré, du rhinocéros gravé sur bois par Albrecht Dürer en 1515 présente une incontestable étrangeté. Les pattes couvertes d'écailles sont semblables à celles d'une tortue. L'animal que l'on dit capable de vaincre un éléphant est muni — logiquement — d'une véritable armure. La gravure a été réalisée sans que Dürer ait pu lui-même observer directement l'animal. Ce dernier était pourtant parvenu sans encombre des Indes jusqu'au Portugal. Il était cependant reparti rapidement en direction de Rome, le roi Manuel Ier du Portugal ayant estimé le cadeau digne d'un pape. Le voyage fut dramatique. Voguant en direction de Léon X, le navire, victime

---

1. Voir F. Waquet, « Plus Ultra. Inventaire des connaissances et progrès du savoir à l'époque classique », *Tous les savoirs du monde, op. cit.*

d'une tempête, disparaissait corps et biens. Le rhinocéros était mort noyé. Repêché, il avait pourtant été tant bien que mal naturalisé. Malgré cela, Albrecht Dürer n'avait eu l'occasion de le voir ni vivant, ni mort. Il en avait pris connaissance par l'intermédiaire d'un croquis, en avait aussitôt tracé un dessin à la plume avant de réaliser une gravure sur bois. La gravure avait connu un succès fulgurant. Huit éditions différentes — dont sept posthumes — furent tirées à partir du bois original. Le *Rhinocéros* de Dürer fut copié avec ses imperfections, utilisé comme référence jusqu'à la fin du XIXe siècle, alors même que les erreurs et les différences entre le dessin et l'animal réel étaient parfaitement connues.

Un dessin d'observation est plus difficilement remis en cause qu'un texte. Une figuration joue parfois mieux qu'un écrit un rôle de certificat. Et l'authentification de ce qui est vu est aussi celle de ce qui est su. L'imprécision de l'observation, les erreurs naissent aussi de l'urgence générée par les possibilités nouvelles de multiplication et de diffusion. Les livres aux pages blanches des bibliothèques aux rayons vides réclament des images qui se créent dans la fièvre et l'urgence.

L'élan conféré par l'imprimerie avait entraîné dans son sillage la xylographie, née pourtant bien avant elle. La gravure sur bois, d'abord pleine page, puis insérée dans le texte, avait alors valeur d'authentification. Comme le livre auquel elle appartenait, elle ne pouvait dire que la vérité. Les figures simplifiées de la xylographie avaient remplacé les traits souples et les couleurs nuancées des enluminures.

Les figures en noir et blanc des gravures sur cuivre succèdent aux planches colorées de la xylographie, comme un nouvel épisode dans la dégradation des images. Cette évolution est compensée par une rapidité accrue d'exécution et de multiplication. Les images, désormais, peuvent être diffusées en grande série. Le livre illustré devient une marchandise. La gravure sur plaque de cuivre apparaît en Italie et en Allemagne dans les années 1435-1436, peu avant l'invention de la perspective. Elle rend seule possible une véritable production de masse. Les lignes souples tracées par le burin ont souvent été comparées à celles des patineurs sur la glace, opposées aux tracés raides de la gravure sur bois. La tige d'acier emmanchée est poussée par la paume de la main droite et guidée par les doigts de la même main tandis que la main gauche fait librement pivoter la plaque de cuivre suivant un tracé défini. Les rayons de courbure s'intensifient. La souplesse des formes s'accroît. La possibilité de réduire les intervalles entre deux traits parallèles à une fraction de millimètre ouvre la voie à la réalisation d'ombres fines et nuancées. Il en résulte une « indéniable impression de vérité » que n'offre pas la gravure sur bois. L'encre, cette fois, n'est pas posée en à-plats sur les zones laissées en relief ; elle occupe les tracés en creux. Comprimées avec force par les presses, les feuilles de papier se déforment légèrement, viennent se lover dans ces fines travées où elles « attrapent » l'encre. La gravure sur cuivre est un procédé rapide.

Douées d'une « valeur d'exposition [1] » supérieure à celle de la peinture ou de la gravure sur bois, les productions sur cuivre bénéficient d'un statut moins noble. Elles sont parfois considérées avec quelque mépris durant ce XVIe siècle. En contrepartie, les contraintes qui pèsent sur de telles productions — notamment l'autocensure — se trouvent allégées. L'image sans statut et cependant douée de vérité rend possible tout compte rendu du monde : la diversité des thèmes traités s'accroît. La gravure sur cuivre devient rapidement la technique favorite des encyclopédies, celle des ouvrages destinés à un large public.

---

1. Cette terminologie est utilisée par Walter Benjamin en 1935.

Chapitre IV

LA LUNETTE ASTRONOMIQUE

Galilée, 1610

Lavis et gravures

La nature qui parle à l'œil n'est pas celle qui parle à une lunette astronomique. Galilée n'est pas le premier à avoir braqué une lunette vers le ciel, mais il est le premier à avoir vu avec l'instrument des objets nouveaux. En ce début du XVIIᵉ siècle, les optiques qui s'interposent entre l'œil et le monde bouleversent les mécanismes de mise en œuvre de la preuve et de la croyance. Le système simple formé par *l'observateur, l'objet, l'image,* évolue en un système plus complexe au sein duquel il convient désormais de compter les instruments d'observation et leurs lentilles optiques. Par les difficultés de communication qu'ils font naître, ces nouveaux dispositifs techniques du regard appellent avec force les images. Loin de constituer de simples prothèses de l'œil, ils proposent une nouvelle vision du monde.

Le 7 janvier 1610, Galilée effectue coup sur coup plusieurs observations remarquables. La forme de la Terre est semblable à celle de la lune ; la Voie lactée est formée d'une multitude de petites étoiles ; Jupiter est accompagné de trois petits astres. Une semaine plus tard, de nouvelles observations ajoutent une quatrième lune à Jupiter et font tourner ces quatre satellites autour de la planète. Dès le 30 janvier, Galilée se rend en hâte à Venise, fait imprimer ses observations en latin à l'intention du monde scientifique. Le 12 mars 1610 paraît le *Sidereus nuncius, Le messager des étoiles*. Les gravures de l'ouvrage imprimé sont un choc : la sphère lisse de la lune s'est transformée en un globe rugueux. Ce ne sont pas des contours que la main du graveur a tracés, mais des jeux d'ombres et de lumière. Il suffit d'avoir un soir pointé de simples jumelles en direction de la lune pour comprendre l'émotion ressentie par Galilée braquant sa lunette sur les cornes brillantes de notre satellite. La nature observée n'est pas immobile, mais en mouvement. D'une nuit à l'autre, lorsque s'étend la partie éclairée du globe lunaire, les taches sombres diminuent de surface. Le phénomène est semblable à ce qui se passe sur Terre lorsque s'élève le soleil : la surface éclairée des montagnes progresse tandis que l'ombre des vallées diminue.

Les sept lavis de la lune qui figurent non dans l'ouvrage imprimé mais dans le manuscrit du *Sidereus nuncius* montrent clairement ce mécanisme : la ligne frontière entre l'ombre et la lumière est nettement irrégulière. À l'instar des taches sombres sur la queue d'un paon, les « vallées » de la lune sont circulaires. Chacune est cerclée d'une chaîne de montagnes. La fabrication d'un lavis est, en soi, une observation : les dessinateurs ont pris possession d'un monde mouvant, générateur d'illusions optiques, auquel une vision immédiate, inattentive, ne les disposait pas. Un jeu d'ombres instable se substitue au croissant d'or immuable, suspendu à l'écran du ciel.

Fait étonnant : les sept lavis réalisés de la main même de Galilée comporteraient[1] de notables différences avec les

---

1. C. Jacob, « De la terre à la lune, les débuts de la sélénographie au XVIIᵉ siècle », *Cartographies, Actes du colloque de l'Académie de France à Rome, 19-20 mai 1995*, Paris, Réunion des Musées nationaux, 1996, p. 16-18. Voir également F. Panese, « Sur les traces des taches solaires de Galilée », *Équinoxe* nᵒ 18, Genève, automne 1997.

gravures sur bois de l'ouvrage imprimé. Il est vraisemblable que ces gravures ont été réalisées, non par Galilée lui-même, mais par un artisan spécialiste. Une différence surprenante réside dans la présence, sur ces gravures, d'un cratère circulaire de grandes dimensions, situé sur la ligne séparant l'ombre de la lumière. Ce « cratère inventé » ne correspond à aucune réalité topographique. Plusieurs hypothèses sont susceptibles d'éclairer une telle transformation. Il est vraisemblable que les lavis, traduction fine et nuancée de ce qui est observé à la lunette par Galilée, ne mettant pas suffisamment l'accent sur ce qui devrait être vu, aient appelé ce cratère supplémentaire sur les gravures.

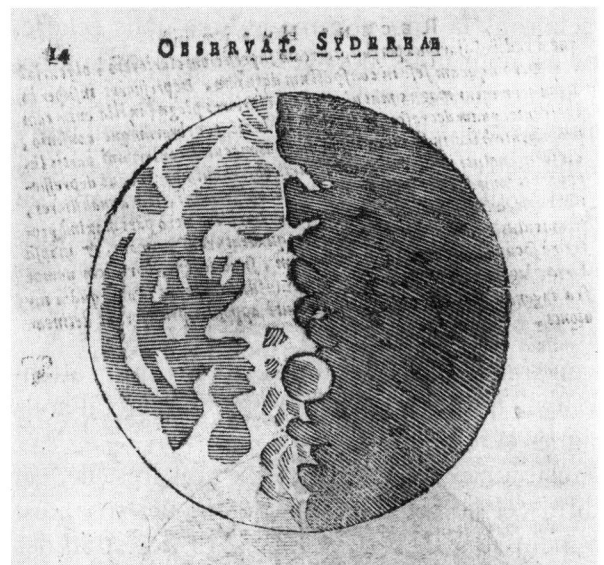

FIGURE 7. — Cratères lunaires.

Gravure sur bois publiée dans Galilée, Sidereus nuncius *(ouvrage imprimé).*

La lunette a fait passer le disque d'or lunaire d'un état bidimensionnel à un état tridimensionnel. Ces conséquences du passage du disque au globe sont importantes. La lune, devenue sphérique et douée de reliefs prononcés, se fait cousine de la Terre : elle possède ses montagnes, ses vallées qui s'éclairent ou se plongent dans l'ombre au gré des mouvements du soleil. Si la lune est une autre Terre, la Terre, alors, n'est rien d'autre qu'une lune, corps céleste ordinaire, modeste « étoile » perdue parmi des milliers d'autres étoiles. Profonde blessure narcissique.

Et lorsque seul persiste un mince croissant de lumière, le reste du globe lunaire, quoique plongé dans l'obscurité, reste étrangement éclairé par une faible lumière cendrée. Ainsi, nous éclairons la lune comme la lune nous éclaire. Ce que la lune est pour nous, nous le sommes pour la lune.

Il ne s'agit pas de projeter sur la surface-écran de la lune un double de nous-mêmes, mais bien d'ériger notre satellite comme astre autonome semblable à la Terre. À cette condition seule peut naître un renversement du regard. Si la lune est une autre Terre, alors, nous pouvons — de la lune — regarder la Terre et devenir nous-mêmes objet de notre propre observation. Pour Galilée, observer la lune, c'est accéder à la totalité de la Terre.

Voilà ce qu'annonce le cratère inventé. Attirant l'attention sur cette ligne qui sépare l'ombre et la lumière, il nous *dit* les montagnes et les plaines.

Le lavis reste une œuvre unique ; la gravure, elle, est multipliée, diffusée. Le lavis, témoin de ce qui est vu, est un enregistrement simple ; la gravure est déjà gestion des regards par une administration des signes. Contrairement au lavis du manuscrit, elle intègre une pratique politique. Le cratère supplémentaire, matérialisant une idée en vue de sa transmission, affirme *la manière dont il convient d'observer*, donc, de penser. Si le lavis du manuscrit rassure, la gravure, elle, inquiète et réveille.

L'un et l'autre, cependant, s'offrent comme un enchantement.

Et Bertolt Brecht, beaucoup plus tard, s'écrira :
« Garde ton œil à la lunette, Salgredo. Ce que tu vois, c'est
qu'il n'y a aucune différence entre le ciel et la Terre. Nous
sommes le 10 janvier 1610. L'humanité note sur son journal : Ciel supprimé[1]. » Crime de lèse-enchantement. Un ciel
parsemé de points, mathématiquement descriptible comme
un écran, garantit la sérénité, facilite l'installation de certitudes. Mais si Jupiter possède des lunes, si la lune ressemble à la Terre, si la Terre est une étoile et les étoiles de
nouvelles Terres, si Vénus ressemble à la lune et si, de surcroît, le système de Copernic acquiert par là de nouvelles
validités, une angoisse sourde s'installe. La « lunette »,
simple tube muni de deux verres l'un de faible convexité,
l'autre de forte concavité, mais dont aucun en lui-même
n'est grossissant, a suffi. L'écran du ciel, sa géométrie rassurante laissent place à des espaces infinis. La Terre, mou-
vante, n'en occupe plus le centre. Les bouleversements
symboliques nés des deux lentilles accolées de la lunette
galiléenne confinent au vertige.

Logique de la preuve

En septembre de cette même année 1610, Galilée
observe, à l'aide de la lunette, les taches solaires, puis
l'étrange aspect de la planète Saturne. Il décrit le premier
les phases de Vénus, si semblables à celles de la lune. Cette
fois, il ne prend pas le temps de la rédaction. Désirant
conserver en partie le secret de ses observations tout en
marquant leur antériorité, il publie hâtivement ses conclusions sous forme d'anagrammes. Lunes de Jupiter, montagnes lunaires, phases de Vénus, taches solaires, silhouette
de Saturne, phases de Vénus : l'avalanche de découvertes
stupéfie. La nouvelle se répand rapidement jusque « dans
les régions glacées de Moscovie[2] ».

---

1. B. Brecht, *Galilée*, 1939.
2. Lettre du duc Zbaraz envoyée à Galilée le 8 mars 1612.

Les objections surviennent rapidement. Elles revêtent plusieurs formes. Les premières portent sur l'antériorité de la découverte de la lunette, connue aux Pays-Bas bien avant que Galilée n'en fasse usage. L'ambassadeur du roi Henri IV à La Haye avait alors écrit que de telles lunettes « permettent d'apercevoir l'horloge de Delft et les fenêtres de l'église de Leyden, nonobstant que lesdites villes sont esloignées l'une d'une heure et demie de chemin de La Haye [...], de remarquer toutes choses [...] et mesme les estoilles qui ordinairement ne paroissent à notre veuë... ».

Sur Terre, la lunette offre accès à des objets terrestres invisibles à l'œil mais dont l'existence est vérifiable ; incontestablement, elle accomplit des merveilles. Le point brillant d'une lointaine étoile a peu de choses à voir avec un objet terrestre : comment croire un instrument dont les aberrations optiques et chromatiques donnent de ces points une image si déformée ? Certains détracteurs affirment que seule l'observation naturelle est fiable ; seul l'œil offre accès à la réalité du monde. Galilée répond en arguant de l'insuffisance de la vision humaine et de l'utopie de son infaillibilité : « Prétendrons-nous encore faire de nos yeux la mesure de l'expansion de toutes les lumières, si bien que là où les images des objets lumineux ne nous sont pas perceptibles, nous devions affirmer que leur rayonnement n'arrive pas ? Il se peut que les aigles et les loups cerviers voient des étoiles qui, à notre faible vue, demeurent cachées[1]. » Puisque les animaux sont susceptibles de voir mieux que l'Homme, il n'est pas illogique de penser que l'instrument d'optique puisse voir, lui aussi, ce que l'Homme ne voit pas.

Ce que la lunette de Galilée jette alors à la figure de ses détracteurs est bien la question de la réalité du monde. Il n'est plus possible de reporter les débats relatifs à l'exis-

---

1. Cité par C. Fehrenbach, « Qui a inventé la première lunette ? » *L'Histoire cachée de l'astronomie, Ciel et espace*, hors série n° 6, juin-juillet-août 1993.

tence d'un monde unique, stable, qui préexisterait à toute observation, serait indépendant de toute interprétation. La Terre est une étoile et les étoiles sont d'autres Terres. L'univers n'est plus un écran sur lequel se projettent des figures géométriques. Les astronomes ne peuvent plus désormais se cantonner dans le relevé d'une géométrie du ciel et dans les mathématiques : le monde des étoiles est plus proche de nous que nous ne le pensions.

Galilée, cependant, n'aurait pas fondé ses argumentations sur ses seules observations du ciel : le 24 mai 1610, il écrit à Matteo Carosio qu'il a essayé la lunette « cent mille fois sur cent mille étoiles et objets divers[1] ». Le 21 mai de l'année suivante, il affirme : « [...] depuis deux ans, j'ai fait avec mon instrument ou plutôt avec plusieurs dizaines de mes instruments, des centaines ou des milliers d'expériences sur des centaines ou des milliers d'objets proches et lointains, grands et petits, lumineux et obscurs, je ne vois pas comment quelqu'un pourrait me croire assez simple pour être dupe de mes observations[2]. » L'outil technique aurait été étalonné à partir de « milliers d'observations d'objets terrestres[3] ». Cette logique de la preuve instituée par la comparaison entre l'objet vu à l'œil nu et l'objet vu à la lunette s'appuierait sur de longues recherches menées à partir d'expériences de perception. Surtout, l'invisible rendu manifeste s'inscrit au cœur d'un champ théorique construit : il conforte les assises des théories coperniciennes.

Les objections sont réductrices. Pour Cesare Cremonini, à Padoue, il est impossible d'approuver des choses dont on n'a aucune connaissance et qu'on n'a pas vues : « Je pense [que Galilée] est le seul à avoir vu quelque chose et d'ailleurs, ces observations à travers des lunettes me font tourner la tête. Il suffit, je ne veux plus en entendre parler. »

---

1. G. Galilei, *Sidereus nuncius*, X, 357.
2. *Ibid.*, XI, 106.
3. L. Geymonat, *Galilée*, Paris, Seuil, « Point sciences », 1992 (révision de la traduction et de l'édition française de 1957).

Croire à ce que montre la lunette de Galilée, croire à ses dessins signifie que l'on croit à l'exactitude de ce que l'on voit grâce à eux. Seule la confiance dans la possibilité logique de cet univers neuf auquel elle donne naissance permet de croire en la lunette.

Loin d'être une simple description, les images sont aussi l'outil d'une adhésion à ce qui est vu et compris. La lune est une autre Terre, la Terre est une autre lune. Les conséquences symboliques de ces nouveaux savoirs sont immenses et simples : notre position au cœur du monde est à jamais déplacée.

On imagine mal les ébranlements qu'une lunette optique a provoqués.

Chapitre V

LE MICROSCOPE

Robert Hooke (1635-1703)
Antoni van Leeuwenhoek (1632-1723)

Le microscope, le monstre, la gravure

L'histoire des idées s'éclaire à celle des outils.

Le microscope est inventé au début du XVIIᵉ siècle, au même moment que la lunette astronomique dont il est une conséquence logique. Brutalement, il nous immerge dans un monde grouillant, insoupçonné. Pourtant, le microscope ne reçoit pas d'emblée un accueil aussi bruyant que celui du télescope. Les débats qui accompagnent son arrivée n'ont ni l'ampleur, ni la vigueur de ceux qui ont suivi la découverte de la lunette astronomique. Nul procès n'accompagne l'émergence des premiers microscopes. Pis encore : les connaissances nouvelles qu'ils génèrent tardent à s'imposer, comme si l'outil ne parvenait pas à s'arracher à son statut de curiosité.

Au XIXᵉ siècle, alors que les progrès de l'optique facilitent enfin la mise au point d'instruments d'une qualité stable, les microscopes à lentilles achromatiques ne sont commercialisés que cinquante ans après les lunettes astronomiques bénéficiant des mêmes lentilles. Il est permis d'interroger de tels décalages : pourquoi, après les inventions remarquables des premières décennies du XVIIᵉ siècle, l'enthousiasme pour l'observation microscopique est-il retombé comme un soufflé ?

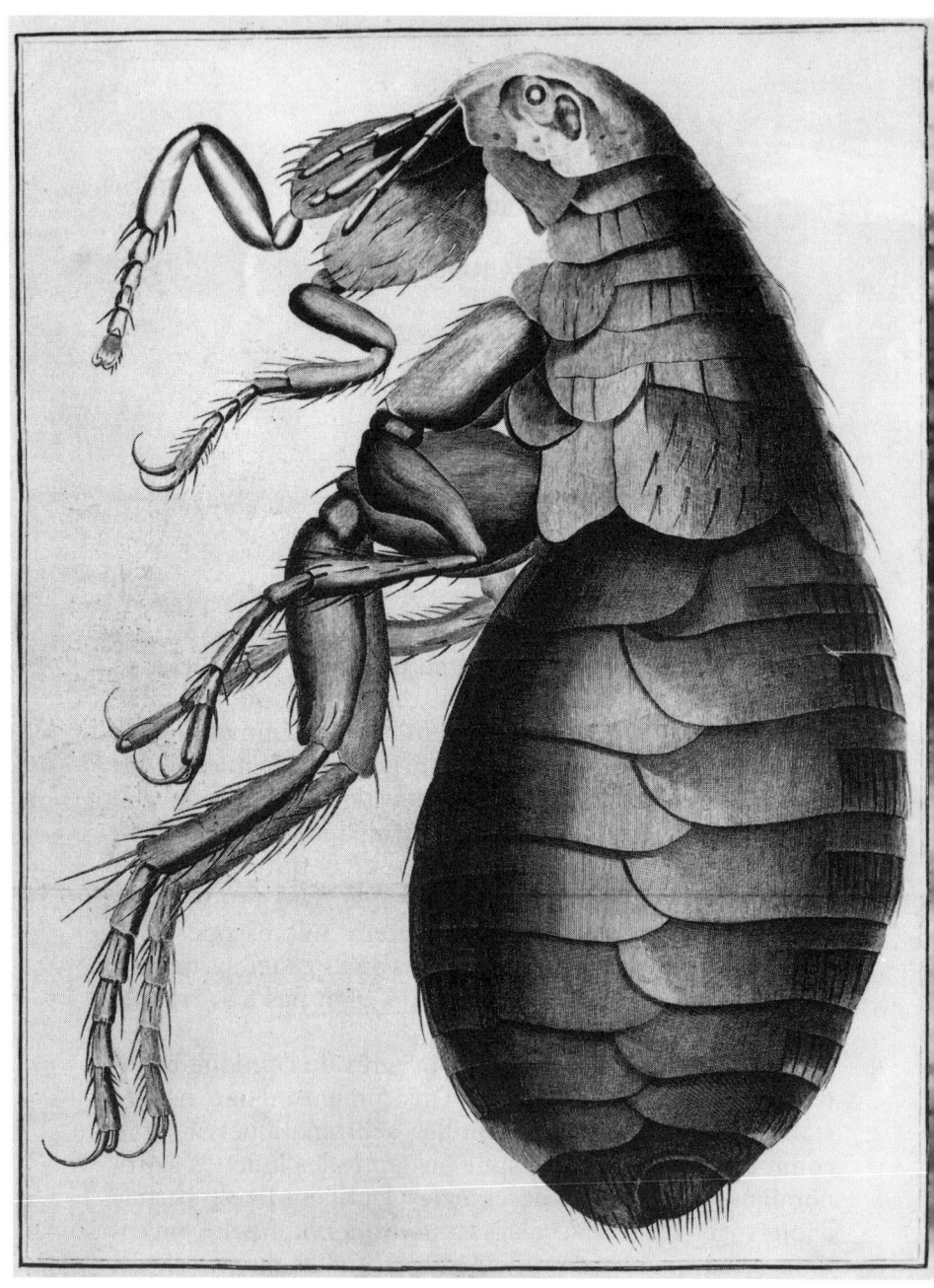

FIGURE 8. — La puce.
Gravure sur cuivre publiée dans Robert Hooke, Micrographia, *1665.*

En 1723, à la mort du Hollandais Antoni van Leeuwenhoek, pionnier de la microbiologie, les scientifiques utilisent encore très peu le microscope. Et l'on sait que la théorie cellulaire ne s'imposera qu'un siècle après les observations microscopiques qui eussent pourtant permis de s'interroger. Dès la fin du XVIIᵉ siècle en effet, le biologiste anglais Robert Hooke avait décrit des cellules dans un morceau de liège : « J'ai prélevé une tranche [de liège] extrêmement mince et, puisque c'était un objet clair, je l'ai placée sur un porte-objet noir. J'ai projeté la lumière sur ce fragment à l'aide d'un verre plan-convexe épais et j'ai pu voir avec une netteté extrême que ce fragment était entièrement perforé et poreux, ressemblant beaucoup à un rayon de cire d'abeille [...]. »

Le principe du microscope est simple : si l'on parvient à observer les objets de très près tout en conservant une image nette, alors, ils apparaîtront beaucoup plus gros. La fabrication de lentilles facilitant une telle mise au point à de faibles distances a conditionné l'invention des premiers outils. Galilée lui-même a découvert que la lunette astronomique pouvait être utilisée comme un microscope. Le 23 septembre 1624, il envoie une lunette grossissante à Frederico Cesi, marquis de Monticelli et duc de Asquasparta, père spirituel de l'Académie de Lincei[1], l'accompagnant de ces quelques mots : « J'envoie à Votre Excellence une lunette pour voir de près les choses les plus petites [...]. J'ai tardé à vous l'envoyer parce qu'elle n'a pas été tout de suite parfaite, j'ai eu des difficultés à trouver la façon de travailler parfaitement les verres. [...]. J'ai contemplé de très nombreux petits animaux avec une admiration infinie. La puce, par exemple, est tout à fait horrible, le moustique et la mite sont très beaux ; et c'est avec le plus grand contentement que j'ai vu comment font les mouches et autres petits animaux pour marcher sur les miroirs et de bas en haut. »

---

1. L'Académie de Lincei, première société scientifique du monde, est fondée en 1603. Galilée en est membre. L'Académie est l'initiatrice des premières études réalisées au microscope.

Les premières observations surprennent ; la nouveauté de ce regard technique exige la fabrication de dessins et de gravures. La microscopie apparaîtra plus tard comme le véritable instigateur du dessin d'histoire naturelle. L'une des premières planches gravées figurant des êtres observés au microscope est dessinée en 1625 par Francesco Stelluti, l'un des fondateurs de l'Académie de Licei. Elle réunit plusieurs figures de l'anatomie externe d'une abeille. Les ombres portées accroissent l'effet de réalisme. L'enthousiasme est tel que le dessin, utilisé comme modèle pour le blason du pape Urbain VIII, devient emblématique.

Premier traité imprimé de microscopie, l'ouvrage *Micrographia*[1] de Robert Hooke (1625-1703), illustré d'extraordinaires planches gravées sur cuivre, avait conféré à la microscopie ses premières lettres de noblesse. Dédié au roi, il était le fruit de minutieuses observations. Les dessins avaient été réalisés par l'observateur lui-même avant d'être transmis au graveur. Leur qualité est une séduction ; elle entraînera l'adhésion de Catherine Ire de Russie à la cause de la microscopie.

Robert Hooke avait créé un monde d'un réalisme saisissant : les parasites rendus gros comme des éléphants effrayaient tout en suscitant l'admiration. Le poux, la mouche laissent éclater en pleine page leur étrange beauté. La gravure de la puce possède une telle puissance que Diderot et d'Alembert l'utiliseront deux siècles plus tard pour leur *Encyclopédie*.

Obéissant à la règle des essais exploratoires et éclectiques qui accompagnent chaque nouveauté technologique, Robert Hooke avait observé — outre les insectes —, le fil d'un rasoir, des vêtements de lin ou de toile, l'éclat d'un silex, un morceau de glace, l'aiguillon d'une abeille, les fientes d'un moineau, des moisissures, des végétaux en voie de décomposition. Dans cette accumulation digne des inventaires de l'Oulipo, il avait distingué les gros animal-

---

1. L'ouvrage est publié en 1665.

cules *(gygantic monsters)*, les plus petits *(a lesser sort)* et les moisissures *(minutes bodies)*.

L'édition et la diffusion des gravures de *Micrographia* font jaillir directement la question de l'interprétation : quelle forme possèdent en réalité ces objets vus au microscope mais dont les détails restent inobservables à l'œil nu ? Pour la première fois se pose la question des artefacts. L'objet observé possède plusieurs formes liées chacune à un dispositif technique d'observation. La qualité de l'éclairage fait des yeux d'une mouche, au choix, un réseau finement quadrillé, une surface piquetée d'une multitude de trous, des alignements de pyramides, un toit d'écailles dorées. L'influence des dispositifs d'observation sur l'interprétation est exacerbée par la petite taille des objets, l'éclairage par transparence et l'impossibilité d'avoir d'autres accès aux détails observés.

Dans la préface de son ouvrage, Robert Hooke annonce qu'il ne fait aucun dessin avant d'avoir examiné l'objet sous différentes qualités et différentes positions de la lumière : mieux vaut éviter de confondre proéminence et dépression, ombre et tache noire, zone lumineuse et couleur claire [1]. *Micrographia*, ouvrant les voies prometteuses de la microscopie, invite d'autres savants à suivre le même chemin.

Gouttes de verre et grouillements

On reste aujourd'hui abasourdi devant les performances des microscopes d'Antoni van Leeuwenhoek contemporain de Robert Hooke. De nos jours, les microscopes optiques offrent accès à des détails à peine quatre fois plus petits que ceux que permettaient de voir ces premiers outils, il y a trois cent cinquante ans. Les optiques actuelles « voient » des détails de l'ordre de 0,2 micron ; le

---

1. G. L'E. Turner, *Essays on the History of the Microscope*, Charlbury, Oxford, The Senecio Press Limited, 1980.

pouvoir séparateur des microscopes de Leeuwenhoek était déjà de l'ordre de 0,2 micron. Selon la juste remarque de Brian J. Ford[1], le microscope est une exception : dans tous les autres domaines technologiques, les performances techniques des instruments actuels sont très nettement supérieures à leurs premières versions.

C'est en 1647 qu'Antoni van Leeuwenhoek, « simple drapier de Delft », décrit pour la première fois les milliers d'animalcules étranges, les formes nouvelles qui peuplent une goutte d'eau. La puce, le poux de Robert Hooke étaient encore des réalités macroscopiques. Mais là ! De ce monde inaccessible à l'expérience, tout est objet d'étonnement et les mots manquent pour conter l'étrangeté cellulaire. L'un des animalcules[2] est décrit comme un globule sans membrane et sans peau, muni de deux tentacules, riche d'un granule au bout de la queue. Il se contorsionne jusqu'à ce que son corps tout entier saute en arrière et libère sa queue qui s'agite alors comme celle d'un serpent. Un second plus long que large, possède une jambe très mince à l'extrémité de la tête, ou du moins du côté où l'animal se déplace car, en réalité, aucune tête n'a été aperçue. Le corps d'un troisième est nanti d'un « nombre inimaginable de petits pieds ou de petites jambes » qui ne sont autres que des cils. Un quatrième bouge si vite que l'on ne peut observer ses jambes. Un cinquième est si petit que l'on n'en peut décrire la forme...

Délaissant l'ordinaire des puces, des abeilles et des poux, Antoni van Leeuwenhoek concentre ses propres travaux sur les êtres imperceptibles à l'œil nu et publie ses observations sous forme de lettres dans les *Philosophical transactions* de la *Royal Society* anglaise. Les dessins qu'il fait tracer par un dessinateur opèrent plus comme des schémas indicateurs d'un fonctionnement que comme de véritables images : les structures qu'il observe sont si fines qu'il

1. B. J. Ford, « La naissance de la microscopie », *La Recherche*, n° 249, décembre 1992.
2. Il s'agit vraisemblablement d'une Vorticelle.

lui semble impossible que quelqu'un puisse les dessiner sans trahir la réalité.

Plus tard, au XIXᵉ siècle, on ne manquera pas d'opposer les performances de la microphotographie naissante à ces imperfections du dessin : tout en offrant accès aux détails, elle facilite, elle, une reconnaissance d'ensemble. Pour l'heure, Leeuwenhoek n'image pas d'autres solutions d'avenir que de joindre au dessin d'ensemble un schéma de détail. Les lettres qu'il adresse à la *Royal Society* sont accompagnées de maladroits tracés à la plume s'efforçant tant bien que mal de rendre compte des observations. La lettre du 17 septembre 1683, envoyée à Francis Aston, nouveau secrétaire général de la *Royal Society,* comporte cinq dessins au trait illustrant les cinq catégories de créatures vivantes observées dans des plaques dentaires diluées dans l'eau de pluie. Il s'agit là de la première observation de bactéries et de spirulidés. L'impossible figuration du mouvement oblige à accompagner le dessin de légendes.

L'animalcule « A » est dessiné sous forme d'un ovale allongé. La légende indique que « les A bougent rapidement, comme des poissons ». Le « B », d'un ovale légèrement moins allongé, est accompagné d'un tracé pointillé ondulant d'un point C à un point D, n'hésitant pas à effectuer une boucle complète sur lui-même. La légende annonce que les « B » se déplacent « à l'improviste » du point C au point D. Aux « E », figurés sous forme de petits cercles, « on ne peut donner forme » tant ils sont petits. Les quatrièmes, les « F », sont filamenteux et immobiles. Les cinquièmes, pour se mouvoir, « font de leur corps des courbes ondulées ».

Ces continents immenses sont nés d'outils modestes. Une simple goutte de verre formant lentille, montée entre deux caches métalliques, a suffi pour grossir plusieurs centaines de fois l'objet observé [1]. Robert Hooke a donné dans la préface de *Micrographia* une description de ces lentilles simples de Leeuwenhoek qu'il n'a guère utilisées lui-même :

---

1. R. Hooke, *Micrographia*, 1665.

« Prenez un morceau de verre brisé très transparent et que
vous étirez à la flamme en minuscules cheveux ou fils, puis
placez l'extrémité de ces fils dans la flamme jusqu'à ce qu'elle
fonde et se transforme en petites goutlettes [...], frottez-les
ensuite sur une petite plaque de métal poli avec un peu de
pâte de bijoutier pour qu'elles deviennent très lisses ; si vous
en fixez une à l'aide d'un peu de cire molle dans un trou d'ai-
guille et que vous l'encastrez sur une plaque de métal, vous
obtiendrez non seulement un grossissement mais également
une image plus nette des objets qu'avec les microscopes
composés. » Ces derniers, utilisés par Robert Hooke lui-
même, sont — comme les lunettes astronomiques — formés
de deux lentilles. L'objectif donne une image interne agran-
die de l'objet ; l'oculaire permet d'observer cette image. Ces
microscopes composés, plus faciles à utiliser que les microscopes « simples », sont aussi moins performants.

Techniques, dialogues et objections

Dans les premiers temps, les soucis techniques sont
tels que l'on ne se préoccupe guère de comprendre ou d'expliquer ces organismes inconnus nés de l'invention du
microscope. Les aberrations chromatiques des lentilles
donnent naissance à des images floues, entachées de
dégradés colorés. Paradoxalement, la technique — par son
imperfection même — est fédératrice : elle fait naître le
besoin d'échanges, de dialogues. Au XVIIIᵉ siècle, les sociétés
savantes, créées autour du microscope, se multiplient,
notamment en Angleterre. La microscopie est une curiosité, une préoccupation technique ; pas encore un outil
fabricant de nouveaux savoirs.

Chaque niveau d'intégration — l'astronomique, le
macroscopique, le microscopique — s'ouvre à des questions
qui lui appartiennent en propre et restent liées à l'histoire
de ses outils : celles de l'observation microscopique ne sont
pas du même ordre que celles de l'observation astrono-

mique. Ainsi se construit une philosophie du petit comme il s'en élabore une du lointain, une du quotidien. Le passage d'un niveau à un autre est marqué par des discontinuités profondes : sauts techniques, méthodologiques, symboliques. La vie sociale scientifique se calque sur ces classifications à l'origine desquelles se trouve la technique, sans jamais les confondre.

D'autres spécialistes de microscopie résolvent de manière radicale la question du partage de l'observation. Puisque le dessin — imparfait — ne permet pas à plusieurs personnes de dialoguer sur la réalité microscopique, transportons des échantillons ! À l'arrivée de ces voyages en coches ou en bateau, de Londres à Glasgow, d'Amsterdam à Londres, ne subsiste bien souvent qu'une odeur fétide. Les observations ne livrent nulle trace des animalcules disparus. Les controverses scientifiques tant attendues n'ont pas lieu.

« Je suis doublement à blâmer » : Leeuwenhoek, qui se reproche d'être un piètre dessinateur, refuse en outre de prêter ses meilleurs appareils. Or, l'imperfection des instruments, le manque d'homogénéité des fabrications sont tels que, d'un microscope à l'autre, les observateurs ne voient pas la même chose. Les lentilles de courtes focales, à champ très réduit, exigent de fastidieuses mises au point. Individu isolé, pionnier, à mi-chemin entre le savant et l'artiste, Antoni van Leeuwenhoek se limite à marquer une antériorité. Longtemps d'ailleurs les lentilles optiques resteront — comme des objets d'art — la propriété des micrographes qui les ont fabriquées et qui les utilisent.

Par manque de partages et d'échanges, ces premiers travaux confineront la microscopie, pourtant créatrice d'univers prodigieux, dans un statut de curiosité. Elle le conservera longtemps après que la lunette astronomique eut acquis le statut d'efficace prothèse de vision, outil de nouvelles constructions scientifiques.

L'imperfection des instruments, encore bien manifeste au XIXe siècle, sert d'argument aux détracteurs. Xavier Bichat, leur tête de file, condamne fermement l'outil. Le rejet de la microscopie est alors dominant chez les biologistes français. L'observation technique serait incompatible avec la finesse des détails étudiés. Car l'outil forme écran. « Quand on regarde dans l'obscurité, chacun voit à sa manière et suivant qu'il est affecté. » Magendie rétorque avec fermeté que l'on ne regarde pas dans l'obscurité lorsque l'on fait des observations microscopiques. Auguste Comte, craignant que ne se cache là une nouvelle métaphysique, condamne radicalement l'abus des recherches microscopiques. La fascination qu'elles exercent, le crédit exagéré qui leur est accordé, sont responsables, selon lui, du caractère spécieux de cette « fantastique » théorie cellulaire. En 1838, le biologiste positiviste Charles Robin, dont les positions sont très proches de celles d'Auguste Comte, réhabilite le microscope comme instrument d'investigation. Il ne se rallie pas pour autant à la théorie cellulaire.

Dans la seconde moitié du XIXe siècle, les microscopes de qualité sont enfin produits en série, commercialisés ; il en résulte une homogénéisation des regards, l'émergence d'un nouveau dialogue. Les échanges s'accroissent, l'observation se rationalise. La micrographie devient une science à part entière. Dans le monde médical, elle donne lieu à de véritables leçons d'observation. Le développement des réseaux institutionnels favorise la diffusion des instruments. Des normes chiffrées remplacent peu à peu la subjectivité des perceptions : les microscopes, désormais définis par leur grossissement, leur pouvoir séparateur, les caractéristiques de leur champ, sont fabriqués en séries. Les observations, rendues comparables, acquièrent un caractère universel. Un regard normé prend naissance. À partir de 1850, le microscope bénéficie en outre du développement de la photographie. La demande sociale devient importante. En Angleterre, les clubs de microscopie se multiplient. La présence d'amateurs actifs relance la fabrication des instruments ; indirectement, les scientifiques profitent de ces enthousiasmes.

Le microscope, désormais bien installé, impose une nouvelle logique du regard.

Chapitre VI

LE REFUS DE L'IMAGE

Carl von Linné (1707-1778)

Classer, nommer, graver

Les voyages naturalistes inaugurés dans les toutes premières années du XVIIIe siècle par les voyages aux Antilles de Charles Plumier, par le « Voyage du Levant » de Joseph Pitton de Tournefort, et poursuivis par les navigations lointaines de Philibert Commerson, de Bougainville, de La Billardière, ou de Michel Adanson, provoquent une avalanche de connaissances nouvelles, l'afflux de planches d'herbiers trop nombreuses pour être dessinées. Dans ces voyages au long cours animés de catastrophes et de drames, on sauve les collections avant de sauver les hommes. L'urgence, l'importance vitale des enjeux font revenir les médiations au premier plan des préoccupations. Comment rendre compte ? Comment collecter ? Comment fournir les outils de la reconnaissance ? La botanique — ses formes fixes, repérables, bien architecturées, donc descriptibles, ses archivages — devient dans la première moitié du XVIIIe siècle, le premier terrain d'aventure de l'investigation classificatoire : il est plus facile de dessiner les plantes que les animaux. Le monde tout entier tient dans ses images ; le dessin naturaliste occupe une place de plus en plus importante jusqu'à faire parfois disparaître le texte.

Linné[1] refuse les images. S'il conserve les plantes dans de gros herbiers, il ne dessine pas. S'arracher aux inventaires imagés, c'est abandonner le particulier pour le général, l'individu pour l'universel. L'extraordinaire réussite du système de description du monde vivant qu'il propose naît de cette liberté prise avec les images. La botanique, pour lui, est une science formelle ; il convient de la comprendre en termes mathématiques et géométriques. La fixation de la nomenclature linéenne par le *Systema naturae* date de 1735. Cette première édition est suivie de douze autres dont la dernière est publiée l'année de la mort de Linné. Une *Philosophie botanique* publiée en 1751 et exposant les méthodes de classification et de nomenclature complète le *Systema naturae*. L'ordonnancement taxinomique des fouillis végétaux s'installe ainsi plus d'un siècle après la révolution galiléenne. Le monde des plantes et des animaux, pourtant proche de nous, a pris du retard sur celui des planètes et des étoiles. Il faudra attendre encore un siècle la théorie darwinienne pour comprendre les espèces en terme de filiation, d'évolution.

La classification linéenne tire sa puissance d'une économie de la pensée. Pouvoir classer, nommer, c'est aussi savoir reconnaître, utiliser, transmettre. Mais l'ordonnancement de l'immense diversité des formes naturelles n'est pas un formalisme plaqué sur une complexité. Conceptuel, il rejoint l'ordre du visible : la taxinomie apparaît simultanément comme une phénoménologie et une description. La classification linéenne apparaît ainsi comme fruit d'un ordre naturel. Plus tard, elle apparaîtra même comme le reflet d'une évolution des espèces.

Le système proposé par Linné est d'une rigoureuse économie. Chaque espèce, qui comprend plusieurs variétés, est perçue en tant que membre d'un genre ; chaque genre en tant que membre d'un ordre, chaque ordre en tant que

---

1. Carl von Linné est né en Suède, à Urjala, en 1707. Il est mort dans ce même pays à Uppsala en 1778.

membre d'une classe. Au total cinq divisions et *seulement* cinq divisions, pour nommer n'importe laquelle des plantes rencontrées.

Le « genre » (*Sorbus, Syringa*[1]...) constitue l'élément central, stable, de l'indexation ; il est facilement reconnaissable. L'« espèce » (*Sorbus aria, Syringa vulgaris*[2]) n'est que le satellite du genre. Une gestion rigoureuse de la pensée doit permettre, au sein d'un genre, de déterminer les espèces par un seul caractère distinctif. Chaque espèce est ainsi désignée par deux mots et deux mots seulement : celui du genre et celui qui la distingue d'autres espèces appartenant au même genre.

Les genres possèdent des plans d'organisation clairs, distincts : ils doivent pouvoir être décrits avant que toutes les espèces en soient connues. La découverte d'une espèce nouvelle vient dès lors s'inscrire automatiquement au sein d'un genre constitué — si celui-ci est déjà décrit —, sans bouleverser sa définition, mais en l'affinant. « Moi, j'ai examiné tous ces genres [...], j'ai réformé les caractères, et j'ai élevé, en quelque sorte, un édifice nouveau[3]. »

Pour la détermination, chaque pièce florale (calice, corolle, étamine...) est caractérisée par quatre dimensions stables : le nombre, la forme, la taille relative, la disposition. Soit, dans la terminologie de Linné : le nombre, la figure, la proportion, la situation. Le langage organise le foisonnement indescriptible et fascinant des formes de la nature.

Des mots nouveaux entrent en vigueur : « nommer un être, c'est l'installer dans l'ensemble des êtres ».

Buffon s'oppose à Linné : lui choisit la solution des images, celle des dessins et des gravures. Avec elles les descriptions exhaustives permettent — du moins l'affirme-t-il — de rendre compte de la marche de la nature dans sa

---

1. En français : Alisier, Lilas.
2. En français : Alisier blanc, Lilas vulgaire.
3. C. Linné, *Philosophie botanique,* 1751.

complexité. Affirmant qu'il ne convient pas de cloisonner, d'isoler les caractères à déterminer, de couper en morceaux, il développe une vigoureuse critique de la méthode linéenne, l'accusant de rupture avec l'observation immédiate : « [...] il faut aller le microscope à la main pour reconnaître un arbre ou une plante : la grandeur, la figure, le port extérieur, les feuilles, toutes les parties apparentes, ne servent plus à rien ; il n'y a que les étamines ; et si l'on ne peut voir les étamines, on ne sait rien, on n'a rien vu. Ce grand arbre que vous apercevez n'est peut-être qu'une pimprenelle ; il faut compter ses étamines pour savoir ce que c'est [...][1]. » Ainsi, il s'est trouvé un méthodiste — Buffon ne nomme pas Linné — pour imposer sa méthode « au point de confondre, en vertu de son système, les objets les plus différents, comme les arbres avec les herbes » et de mettre ensemble, dans une même classe « le mûrier et l'ortie, la tulipe et l'épine-vinette, l'orme et la carotte, la rose et la fraise, le chêne et la pimprenelle. N'est-ce pas jouer de la nature et de ceux qui l'étudient[2] ? ».

En réalité, la classification linéenne, dont se servent toujours les botanistes contemporains, a de beaux jours devant elle. Linné n'a pu construire une positivité du regard qu'en s'arrachant au dessin, à la figuration qui l'auraient figé dans une voie unique. Ses collections de plantes séchées ont cependant facilité pour lui la saisie simultanée de l'unité et de la diversité des formes. Sans limiter ses travaux aux classifications botaniques, il a élaboré les bases d'une classification animale. La place de l'homme[3], désormais classé parmi les « animaux à mamelles » et dans l'ordre des primates au voisinage des singes supérieurs, s'en est trouvée bouleversée. Entre un homme et un orangoutang les différences sont désormais infimes.

1. G. L. L. Buffon, *Premier discours : de la manière d'étudier et de traiter l'histoire naturelle*, *Histoire naturelle*, 1744-1788.

2. *Ibid.*

3. C. Linné, *Systema Naturae*, Stockholm, 1758-1759, dixième édition.

Dès lors, ce regard qui s'est affranchi de la copie pour reconstruire en toute liberté devient générateur d'images. Paradoxalement, la classification linnéenne invite aux figurations. Les dessins schématiques des flores hiérarchisent, accentuent, rendent visible non *ce qui est vu*, mais bien *ce qui doit être vu* : la tige carrée de l'Ortie, les fleurs pédonculées de la Myrte, les nombreuses folioles de l'Orobe. Leur objectif premier n'est pas la ressemblance ; leur vocation fondamentale n'est pas de se rapprocher des apparences sensibles mais de donner à nommer, donc, à comprendre. Certes, ils sont une reconnaissance ; mais ils pointent et accentuent les caractères de détermination du genre et de l'espèce, peu aisés à percevoir. Le particulier, l'individu ne les intéressent pas.

Les plantes séchées des grands feuillets catalogués, dûment estampillés et annotés par les grands naturalistes, conservées précieusement dans les herbiers nationaux, servent seules de référence : *Poa bulbosa*, *Aegilops ovata*, dont les exemplaires *types* sont collés sur le papier absorbant ont bien été vus à cet endroit, ce jour-là, et *nommés pour la première fois*.

Les plantes séchées des planches *ordinaires* certifient, elles, simplement que l'espèce a été observée ailleurs, en lieu et date bien déterminés. Les exemplaires séchés ne possèdent pas les mêmes fonctions que les dessins. Les premiers jouent par leur valeur indicielle le rôle de preuve. Les seconds ne prouvent rien. Exposant des certitudes scientifiques, les dessins sont ce qu'il convient d'observer pour une détermination exacte.

Plus tard, au XIXᵉ siècle, la photographie botanique ne parviendra guère à s'imposer[1] : on lui préférera toujours le double système constitué par les herbiers et les dessins schématiques des flores. Trop ressemblante, incapable d'offrir une hiérarchie des caractères, elle se révèle, en matière

---

1. Voir cependant les travaux de Caroline Flieschi, *Photographie et botanique en France de 1839 à 1914*, École nationale des Chartes, 1995.

de détermination scientifique, d'une bien faible utilité. Au mieux, dans la grande flore de Gaston Bonnier, des tirages photographiques très pâles serviront de support aux dessins aquarellés. Ces derniers seuls permettent les déterminations.

Chapitre VII

LE RÉALISME DES CORPS

Jacques Fabien Gautier d'Agoty, 1759

La vérité des quatre couleurs

Au début du XVIIIᵉ siècle, les procédés de gravure à quatre couleurs répondent à l'utopie d'une image qui serait un double exact de son objet. Jacques Fabien Gautier d'Agoty propose ainsi de remplacer le procédé d'impression à trois couleurs mis au point par Le Blon en 1710, par un procédé à quatre couleurs : bleu, rouge, jaune et noir. Il sort alors de la presse des tableaux « d'une exacte couleur, [...] finis et parfaits ». Toutes les teintes imaginables naissent ainsi, sans le secours du burin ni du pinceau. On obtient les vraies formes, les vraies couleurs. « Ce ne sont point des estampes anciennes, enluminées qu'on donne au public, ce sont les pièces originales, représentant la Nature même, d'après laquelle elles ont été tirées par le secours du Nouvel art [1]. »

---

1. J. F. Gautier d'Agoty, *Anatomie générale des viscères en situation avec leurs couleurs naturelles jointes à l'angéologie et à la névrologie de chaque partie du corps humain. Exposition anatomique de la structure du corps humain en 20 planches imprimées avec leurs couleurs naturelles pour servir de supplément à celles qu'on a déjà données au public, avec privilège de Sa Majesté, selon le nouvel art, dont M. Gautier, pensionnaire du roi est inventeur*, Marseille, Imprimerie Antoine Favet, 1759.

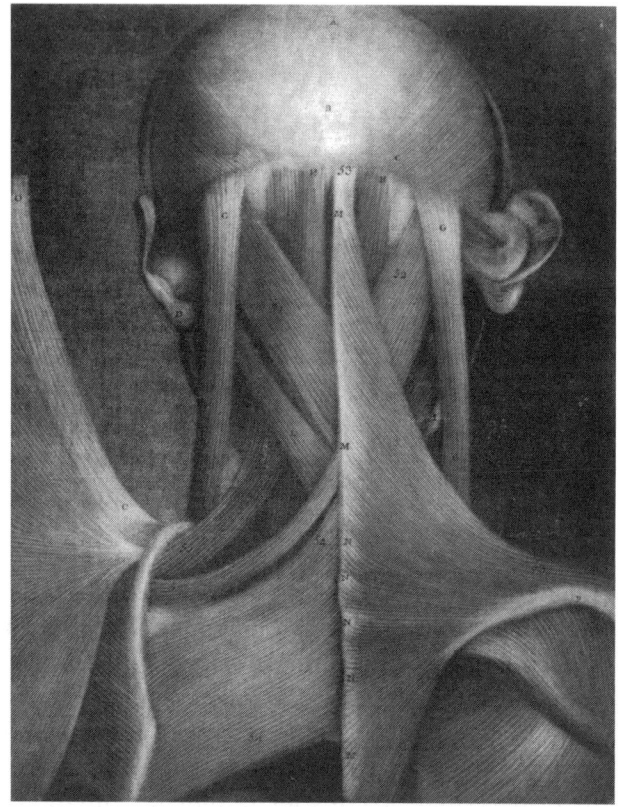

FIGURE 9. — Anatomie du cou.
Gravure en manière noire, réalisée en quatre plaques : la première apporte le noir, la seconde le bleu, la troisième le jaune, la quatrième le rouge.
L'une des « 20 planches imprimées avec leurs couleurs naturelles pour servir de supplément à celles qu'on a déjà données au public ».
Jacques Fabien Gautier d'Agoty, Anatomie générale des viscères en situation avec leurs couleurs naturelles jointes à l'angélologie et à la névrologie de chaque partie du corps humain, *1759.*

L'iconographie anatomique, favorisée par ces techniques d'impression, se rapproche de l'aspect réel des corps. Les couleurs vives des gravures traditionnelles cèdent la place aux gris colorés. Pour Agoty le réalisme de la gravure à quatre couleurs se justifie car l'anatomie, « partie la plus certaine de la médecine », a pour objet le corps humain, « l'ouvrage le plus parfait qu'ait produit la main du créateur ».

Ces discours d'exactitude, de perfection, reflètent la double revendication d'une qualité picturale et d'une objectivité. Pour parler sobrement sans craindre les anachronismes : Gautier d'Agoty s'affirme simultanément peintre et photographe. Sans crainte des paradoxes, il revendique un statut d'artiste tout en affirmant l'exactitude d'une gravure créée par la machine, sans la main de l'homme, à l'image même d'une anatomie humaine créée par Dieu.

Le procédé à quatre couleurs rencontre des résistances. « Les découvertes ne s'établirent qu'à force de dépenses et d'inquiétude, témoins [...] les mouvements que donnèrent les graveurs et les copistes pour le détruire dans son commencement, lorsqu'ils virent paraître les ouvrages du Sieur Gautier. Ce sont ces Hydres qu'il a fallu vaincre[1]. »

Dans sa séance du 8 janvier 1741, l'Académie des sciences déclare « qu'après avoir examiné quelques ouvrages de gravure par le moyen de trois planches représentant des sujets avec leurs couleurs naturelles elle aurait jugé qu'il était important de conserver le procédé à quatre couleurs parce qu'il pouvait être d'une grande utilité pour l'anatomie, la botanique, et l'histoire naturelle [...] ». Il s'agit bien ici de produire une image qui rende compte le plus exactement possible de la disposition des organes du corps.

De violents conflits de priorité éclatent entre Le Blon et Jacques Fabien Gautier d'Agoty. Le Blon avait obtenu du roi le privilège royal de graver à trois couleurs durant vingt années à compter du 12 novembre 1737. À sa mort, en 1743, Gautier obtient du roi un nouveau monopole de vingt ans pour la gravure à quatre couleurs. Ce monopole concerne le droit « d'exercer l'art d'imprimer les tableaux en couleurs, de donner au public les planches d'anatomie et de faire imprimer les tables indicatives et explicatives

---

1. *Ibid.*

desdites planches en telle forme, manière, grandeur, feuilles séparées ou autrement, autant de fois que bon leur semblera et les vendre, faire vendre, débiter par tout (le) Royaume [...][1] ».

André Vésale avait été l'un des premiers, à la Renaissance, à pressentir l'importance des qualités esthétiques des gravures d'anatomie pour obtenir l'appui des mécènes. La qualité de ses dessins avait largement contribué à faire passer l'anatomie du statut de discipline méprisable à celui de science renommée et même prestigieuse. Au cœur du XVIIIe siècle, Jacques Fabien Gautier d'Agoty est conscient, lui aussi, de l'importance économique ou sociale que peuvent avoir les gravures d'anatomie. Certains lui reprocheront ouvertement d'avoir, pour des raisons de prestige et d'enrichissement personnel, utilisé l'ambiguïté fascinante du spectacle des corps. Ce qu'il propose en effet n'est pas un simple assemblages d'organes, mais déjà, dans chaque planche, un double point de vue sur les corps : tant externe qu'interne. Les dissections préalables aux dessins sont réalisées par Duverney, chirurgien passionné, célèbre pour avoir surgi des profondeurs du cadavre d'un éléphant lors d'une visite de Louis XIV venu en personne assister à une leçon d'anatomie[2].

Loin de figurer la mort, les planches de Gautier d'Agoty, toutes imprimées en grandeur réelle, *sont* la vie. Les cadavres féminins sont préférés aux corps masculins : leurs muscles délicats prennent moins de place sur la page. L'espace est laissé libre pour figurer les visages. Pour l'agrément, on s'efforce de « donner [les corps] au naturel ». La dissection se limite alors à l'ouverture d'une matrice, à la dissection d'un muscle, à la présentation d'un fœtus en situation dans un mélange savamment dosé de fascination et de répulsion. Une jolie femme présente simultanément

---

1. *Ibid.*
2. G. Petit, J. Théodoridès, *Histoire de la zoologie des origines à Linné*, Paris, Hermann, 1962.

le profil de son visage, ses cheveux bruns cerclés, et « les apophyses supérieures du dos, les premières côtes en raccourci, la courbe de l'épine dorsale jusqu'à l'os sacrum, [...] le grand dentelé avec son attache à la base de l'omoplate et les appendices du grand dorsal attachés aux quatre dernières côtes [...][1] ». Jacques Prévert dira plus tard qu'elle a les « épaules nues ou plutôt dénudées avec la peau rabattue de chaque côté ».

Tout tient à l'échelle 1 dans un grand livre aux planches « de grandeur ordinaire ». La taille du corps humain guide la dimension des planches. La tête, les viscères, les parties de la génération : chaque morceau tient dans une grande page. Seuls les muscles du tronc et quelques autres parties trop grandes font l'objet de planches de très grandes dimensions, alors pliées en deux. S'il le souhaite, le lecteur peut encadrer les gravures, les accrocher comme des tableaux. Les légendes ne sont pas incorporées aux dessins : elles auraient nécessité un livre « d'une grandeur énorme, qui aurait coûté des sommes immenses ». Car il ne s'agit pas seulement pour Gautier d'Agoty de produire des « couleurs exactes » ; l'illusion de la réalité doit être totale. Les dessins, reproduits à l'échelle 1, facilitent un accès direct aux corps.

Ce que cherche en réalité Agoty, bien avant la découverte de la photographie, est le procédé mécanique d'une multiplication de l'œuvre d'art. Il ne pose pas encore la question de la survie de l'œuvre à sa reproductibilité technique.

Il exulte, pensant avoir, par la gravure noire, trouvé le procédé d'une multiplication de tableaux réalistes sur lesquels il pourrait apposer sa signature. L'attention portée aux questions juridiques, techniques, commerciales, prend le pas sur la qualité du dessin. Aux muscles et viscères, à l'angélologie anatomique, succèdent d'autres objets organisés en un joyeux éclectisme : la dissection de la vipère, les hermaphrodites, la tortue au naturel, la taupe, la repro-

---

1. J. F. Gautier d'Agoty, *op. cit.*

duction chez les limaçons, le loriot, la carte des tremblements de terre en Europe en cette année 1755. La
transmission des savoirs anatomiques laisse place à des
productions décoratives

Pour la vivacité des teintes florales, le procédé à quatre
couleurs, générateur de gris colorés, est inopérant. Gautier
d'Agoty prétend avoir mis au point une nouvelle technique
de coloration permettant une production très rapide sans
exiger un lourd travail. Les spécialistes de la gravure du
XVIIIe siècle mettent aujourd'hui en cause de telles affirmations. Il reste troublant de constater que d'une épreuve à
l'autre, pour une même planche, la délimitation des couleurs n'est pas tout à fait la même. L'encrage aurait été
effectué en noir mais la couleur aurait été portée au pinceau, planche par planche. Il est possible que Gautier
d'Agoty revendique là d'une manière mensongère l'invention d'une technique sophistiquée qui se réduirait, en fin de
compte, à la classique aquarelle.

Le commerce de l'anatomie

Sous couvert de science et d'anatomie Gautier d'Agoty
met en œuvre une vaste opération commerciale. La gravure
à quatre couleurs multiplie de manière expéditive les corps
entrouverts, les jambes sectionnées, les têtes fendues. Avec
eux, les sourires d'anges. Loin de limiter leur impact aux
étudiants en médecine, ses planches ambiguës rencontrent
un succès auprès d'un large public.

Recherchant à tout prix le réalisme des corps, incom-
plètes, elles ne constituent pas un véritable atlas anatomique pleinement utilisable par les médecins. La piètre
qualité du dessin, la multiplication mécanique, ne leur
confèrent pas non plus à l'époque un statut d'œuvre d'art à
part entière. Reconnues aujourd'hui au choix comme « artistiques » ou comme « scientifiques », elles errent dans un
entre-deux sans statut, nous questionnant sans doute sur

cette gestion des regards par l'articulation triple de l'enchantement, de l'érotisme, et de la légitimité scientifique. « Sans statut » ne signifie pas sans conséquence : les images frappent les imaginations, séduisent, et finalement, se vendent.

À la fin du XVIIIe siècle, l'excès de précision des atlas d'anatomie est poussé à son comble. On n'hésite pas alors à faire dire au cadavre plus qu'il ne peut raconter. Contre cet excès de réalisme, les médecins manifestent parfois des tendances iconophobes [1]. Xavier Bichat, dans son *Anatomie générale*, refuse les images : « Qu'importeront ces détails descriptifs exagérés ? [...] Ce mode de description est étranger au progrès de la médecine [2]. » Les cires anatomiques reprennent à leur compte cette politique du regard à l'aide de modèles « saisissants de vérité ».

Les modifications institutionnelles entraînées par la Révolution française, en réorganisant la profession des fabricants de modèles anatomiques, introduisent de nouveaux codes de figuration. C'est avant la Révolution qu'André-Pierre Pinson réalise sa « femme qui pleure » à la boîte crânienne démontable ; mais c'est après qu'il crée des écorchés aux veines bleues et aux artères rouges. Le didactisme, la transmission pédagogique tiennent lieu de séduction et d'émotion. L'image anatomique intègre des caractères d'efficacité.

Plus tard, le nouveau médium photographique relancera le débat. Sous couvert de science et de médecine, les physiologistes photographes produiront des images provocantes dont l'hermaphrodite de Nadar constitue l'exemple type. À l'heure où la police fait la chasse aux nus dans les ateliers d'artistes, ils s'offriront en toute impunité le luxe d'audaces inouïes.

---

1. P. Comar, *Les Images du corps*, Paris, Gallimard, 1993.
2. Cité par Philippe Comar, *ibid.*

DEUXIÈME PARTIE

La photographie

FIGURE 10. — Vue des portiques de Louxor.
John Bukley Greene, 1854.

Chapitre VIII

LÉGITIMATIONS

François Arago, 1839

Les fondements d'une confiance

L'accueil chaleureux reçu par la photographie au sein du monde scientifique à partir de l'année 1839 ne manque pas d'étonner : rien n'est moins scientifique qu'une image. Globale, sans clé d'entrée, non discursive, apte à changer de sens sous l'effet des variations de contextes, une image n'est douée de nulle rigueur. Elle n'offre nulle sûreté d'interprétation, reste indescriptible, inépuisable par les mots. Surtout — et malgré tous les discours objectivants — elle ne fonctionne que dans une réception sensible.

Le *Point de vue d'après nature* pris d'une fenêtre de la maison du Gras à Saint-Loup de Varennes, considéré comme la « première photographie connue », aurait été réalisé en 1826 ou 1827 par Nicéphore Niépce. Ce n'est pourtant pas cette date qui est retenue par la postérité comme date fondatrice de la photographie, mais celle de son annonce officielle par François Arago : l'année 1839. La diffusion, le « faire savoir » importent plus que la découverte ; le « Comment ça marche ? » plus que l'acte fondateur lui-même. Pour François Brunet[1], fêter l'année 1839

---

1. F. Brunet, *La Collecte des vues : explorateurs et photographes en mission dans l'Ouest américain, 1839-1879*, Paris, EHESS, 1993.

revient à consacrer un « imposteur » (Daguerre), à donner « une vue tronquée, erronée de l'invention ».

Certes, la photographie n'est pas née, ponctuellement, un certain jour de 1839. Il y eut aussi, cette année-là, lecture par W. H. Fox Talbot d'un mémoire sur l'art du dessin photogénique ou procédé par lequel les objets naturels peuvent se tracer eux-mêmes, sans l'aide du crayon de l'artiste. Il y eut aussi l'entrevue d'Hippolyte Bayard avec François Arago ; et l'année suivante, en 1840, la mise au point du calotype par W. H. Fox Talbot. Il ne convient pas tant de s'étonner ici qu'un instant sacré consacre l'apparition soudaine d'une technique, que d'interroger l'importance exceptionnelle qui reste accordée à cette année 1839.

Niépce est mort depuis six ans. Depuis sa mort, Daguerre, en charge du contrat signé avec lui en 1829, poursuit deux voies techniques simultanées : la sienne propre et celle ouverte par Niépce. En juin 1837, Isidore, fils de Nicéphore Niépce, vient à Paris afin de signer avec Daguerre un « traité définitif ». Daguerre est alors un notable bien engagé dans ce que l'on appellerait aujourd'hui les « industries culturelles » avec la gestion de ses deux dioramas, l'un en France, l'autre en Angleterre. Ce dernier traité fait mention d'un nouveau procédé mis au point par Daguerre seul : le daguerréotype. En 1838, Daguerre tente en vain de fonder une société par actions afin de protéger ses procédés. Il propose ensuite de les céder au gouvernement Louis-Philippe en échange d'une rente et obtient que François Arago annonce la découverte, sans en dévoiler les procédés, lors de la séance du 7 janvier 1839 à l'Académie des sciences. Le 8 mars 1839, le diorama parisien dont il est propriétaire est détruit par un incendie. Il est décidé qu'une rente serait accordée simultanément au fil de Niépce et à Daguerre, celui-ci bénéficiant d'un supplément pour « les secrets du diorama ».

En 1827, Arago bénéficiait déjà d'une grande notoriété scientifique, mais il n'était pas encore député. En 1839, il est en mesure d'offrir à la nation l'une des trois grandes découvertes du siècle, avec la vapeur et l'électricité. Et puis Niépce est un inventeur, pas même un « savant ». Daguerre, lui, est déjà un chef d'entreprise. Il incarne une autre société. Arago justifie son soutien à Daguerre par le coût élevé du daguerréotype : la photographie sur papier n'eût pas, selon lui, nécessité l'intervention de l'Assemblée. Or, il se trouve que le daguerréotype convient bien à la science. Précis, exact, précieux, ne nécessitant pas la subjectivité d'un observateur, il intéresse une élite scientifique adepte de nouveautés. Innovation en rupture avec ce qui l'a précédé, a-historique, mieux que les performances photographiques de Niépce nécessitant de longs temps de pose, il apparaît comme un nouvel outil résolument tourné vers l'avenir, la promesse d'un monde nouveau.

En cette année 1839, le député démocrate et homme de science François Arago officialise donc la découverte de la photographie. En en rendant publics les procédés techniques, il offre à tous — « au monde entier » — l'invention. En échange, le ministère de l'Intérieur s'engage à verser une rente à vie à Daguerre et aux descendants de Niépce. En réalité, il ne s'agit pas seulement de récompenser des inventeurs, mais bien d'éviter de laisser échapper par l'État une découverte dont il pressent les puissants développements scientifiques et industriels.

En outre, Arago sait bien que la science a besoin d'une adhésion sociale et que « le public ne doit rien à qui ne lui a rendu aucun service[1] ».

Les trois interventions effectuées par François Arago à l'Académie des sciences et à la Chambre des députés au cours des mois de janvier, juillet et août 1839, sont décisives. En dévoilant les secrets de fabrication, elles font basculer l'invention du privé au public. En mettant en branle une véritable circulation des images, elles jettent les bases de leur administration. La photographie s'installe dans une

---

1. F. Arago, *Sur la prise de possession des découvertes scientifiques*, *Œuvres complètes*, tome XII, 1859.

quadruple légitimité économique, sociale, scientifique et politique. Alors se mettent en place les fondements d'une confiance dans les images aux profondes conséquences symboliques, pratiques, économiques.

Effets d'annonce

Le 7 janvier 1839[1], François Arago entretient « avec beaucoup de détails » l'Académie des sciences au sujet d'une découverte faite par M. Daguerre mais ne dévoile pas les procédés de fabrication de la photographie. L'idée passe qu'il s'agit là d'une des plus prodigieuses inventions de notre siècle, que la France se doit de « doter le monde entier d'une découverte qui peut tant contribuer aux progrès des arts et des sciences ». Pour Arago, il semble indispensable que le gouvernement dédommage directement M. Daguerre dont il fait l'éloge. Il annonce qu'il adressera à ce sujet une demande au ministère ou aux Chambres mais souhaite s'assurer auparavant que la méthode est peu coûteuse, utilisable par tous.

Le 3 juillet 1839[2], il effectue à l'Assemblée nationale une importante intervention sur les travaux de la commission chargée de l'examen du projet de loi tendant à accorder une pension à Daguerre et aux enfants de Niépce, « pour la cession faite par eux du procédé servant à fixer les images de la chambre obscure ». À cette époque, les jeux sont faits et quasiment gagnés : l'Assemblée a déjà manifesté son intérêt pour les projets photographiques.

La communication transforme en ressource nationale un procédé technique. Arago se fait simultanément le

---

1. F. Arago, *Sur la fixation des images formées au foyer de la chambre obscure, communication sur la découverte de M. Daguerre,* Comptes rendus de l'Académie des sciences, séance du 7 janvier 1839.
2. F. Arago, séance du 3 juillet 1839, archives parlementaires de 1787 à 1860, deuxième série (1800 à 1860), tome CXXVII, Paris, Librairie Paul Dupont, 1913.

chantre d'une nouvelle technologie et celui du progrès social. À cette fin, il use d'un langage didactique, clair. Il crée un effet d'annonce : une fois la loi votée, les procédés photographiques seront dévoilés lors d'une séance exceptionnelle à l'Académie des sciences. La photographie est une exactitude. Elle met en œuvre une physique, une chimie, des expériences. En outre, par l'usage d'une perspective centrale, elle « obéit aux règles géométriques » issues de la Renaissance.

Le 19 août 1839[1], François Arago prend de nouveau la parole. Cette fois, devant l'Académie des sciences et l'Académie des beaux-arts réunies, il dévoile les procédés techniques de la photographie. C'est cependant aux académiciens des sciences qu'Arago s'adresse en premier lieu. Soutenu par la conviction que la connaissance scientifique porte en germe des transformations sociales, il accorde à la photographie naissante un statut scientifique. De découverte inclassable, celle-ci devient outil de connaissance.

Arago, cependant, n'oublie pas le monde artistique, jusque-là dépositaire de l'histoire des images : il a pris soin de confier au peintre Paul Delaroche la rédaction d'une note préalable destinée à aider la commission préparatoire au projet de loi. Pour le peintre, « la correction des lignes, la précision des formes est aussi complète que possible dans les dessins de M. Daguerre, et l'on y reconnaît en même temps un modelé large, énergique, et un ensemble aussi riche de ton que d'effet. Le peintre trouvera dans ce procédé un moyen prompt de faire des collections d'études qu'il ne pourrait obtenir autrement qu'avec beaucoup de peine [...] ». Paul Delaroche coupe court aux détracteurs :

---

1. F. Arago, *Le Daguerréotype*, comptes rendus de l'Académie des sciences, séance du 19 août 1839. Le 12 août 1839, François Arago, dans une brève intervention préliminaire à l'Académie des sciences, avait pris soin de « communiquer une lettre dans laquelle M. le Ministre de l'Intérieur annonce que si l'Académie y consent, c'est dans une de ses séances qu'aura lieu la première divulgation de la découverte de Niépce et Daguerre ».

« En résumé, l'admirable découverte de M. Daguerre est un immense service rendu aux arts. » Pour les artistes, désormais, la photographie s'impose comme « objet de recherche et d'étude ».

À la suite de cette seconde intervention de François Arago, le procédé photographique connaît une diffusion fulgurante.

L'effet des deux discours du 3 juillet et du 19 août est considérable. Le jeu des allers et retours de l'Académie à la Chambre, puis de la Chambre à l'Académie est habile. Arago use d'une légitimité scientifique lorsqu'il s'exprime à la Chambre des députés ; il bénéficie d'une légitimité politique lorsqu'il revient s'exprimer à l'Académie des sciences. Les conditions d'une adhésion sans faille à une invention qui, avant même son annonce officielle, subit déjà le feu des critiques [1], est à ce prix.

François Arago ne limite pas ses stratégies à l'annonce d'une découverte : il installe les mécanismes d'une gestion et d'une administration de l'image. La dimension du profit est prise en compte : celui-ci n'est pas seulement d'ordre financier mais également d'ordre politique. La photographie est une ressource qu'il convient de faire fructifier et la fin conditionne la mise en ordre. Les précurseurs ne sont pas oubliés. Arago souligne leurs mérites respectifs (Porta l'Italien, Charles le Français, les Anglais Wedgwood et Humphry Davy). En situant cependant comme fondatrice la découverte de Daguerre, il coupe court d'emblée à toute revendication étrangère de priorité, donne à la photographie une dimension nationale.

---

1. Voir *L'Écho du monde savant* du mercredi 9 janvier 1839 : « M. Arago entretient avec beaucoup de détails l'Académie au sujet d'une découverte faite par M. Daguère *(sic)*, l'inventeur du diorama. Cette découverte, assurément, l'une des plus prodigieuses de notre siècle, occupe depuis quelque temps l'attention publique ; mais en raison du merveilleux de ses résultats, elle devait naturellement rencontrer un grand nombre d'incrédules avant que la parole imposante de M. Arago fût venue lui donner une confirmation solennelle. »

Rêves d'Orient

Toute une circulation des images se met en branle. La dimension sensible, tabou de la science officielle de « l'après-Lumières », s'installe magnifiquement au sein des rationalités scientifiques. Les bénéfices sont réciproques. Les milieux scientifiques, qui auraient pu être les premiers à dénoncer les images comme obstacles à la réalité du monde, s'emparent sans complexes de la photographie naissante. Celle-ci apparaîtra même plus tard comme un hommage rendu à la physique : « Parmi les titres si nombreux qui [la] désignent [...], il en est un qui frappe surtout : c'est le témoignage éclatant qu'elle a fourni de la puissance et de la haute portée des sciences physiques à notre époque. [...] Où trouver un plus merveilleux enchaînement de créations fécondes[1] ? »

Si l'argumentation et la rhétorique de François Arago portent autant leurs fruits c'est aussi que l'invention de la photographie et les mots pour la dire mettent à vif et réactivent de puissantes utopies. La promotion des nouvelles techniques de la photographie va de pair avec des rêves d'Orient inassouvis depuis l'expédition d'Égypte menée par Bonaparte de 1798 à 1801. Trop jeune — il avait alors entre douze et seize ans — Arago avait dû se contenter de prendre patience, à l'instar des adolescents du même âge. « Chacun songera à l'immense parti qu'on aurait tiré, pendant l'expédition d'Égypte, d'un moyen de reproduction si exact et si prompt ; chacun sera frappé de cette réflexion, que si la photographie avait été connue en 1798, nous aurions des images fidèles d'un bon nombre de tableaux emblématiques [...]. »

Sa défense vigoureuse de la photographie ne peut se comprendre sans prendre en compte le projet illustré de *La*

---

1. L. Figuier, *Les Merveilles de la science*, Paris, Furne, 1869.

Description d'Égypte publié entre 1802 et 1812, au retour de l'expédition. L'ouvrage fut mené à bien dans l'esprit d'une collecte iconographique de grande envergure, elle-même directement héritée de l'*Encyclopédie* de Diderot et d'Alembert dont l'article « Égypte » fournit les clés du projet de Bonaparte : « C'était jadis un pays d'admiration, c'en est un aujourd'hui à étudier. »

L'utopie encyclopédique, bien présente chez Arago et les premiers photographes, s'ancre doublement dans le sentiment de l'inachèvement de *La Description d'Égypte* et dans le rêve de découvertes et d'expéditions lointaines : « [...] et sur plusieurs des grandes planches de l'ouvrage célèbre, fruit de notre immortelle expédition, de vastes étendues d'hiéroglyphes réels iront remplacer des hiéroglyphes fictifs ou de pure convention ; et les dessins surpasseront partout en fidélité, en couleur locale, les œuvres des plus habiles peintres. [...] Pour copier les millions et les millions d'hiéroglyphes qui couvrent, même à l'extérieur, les grands monuments de Thèbes, de Memphis, de Karnak, etc., il faudrait des vingtaines d'années et des légions de dessinateurs. Avec le Daguerréotype, un seul homme pourrait mener à bonne fin cet immense travail [1]. »

En 1839, la photographie apparaît douée de rapidité, apte aux recensements. Cette facilité d'exécution avait fait cruellement défaut durant la campagne d'Égypte où la conquête militaire s'accompagnait souvent de départs précipités. Il arrivait que les dessinateurs ne puissent achever leurs dessins. On avait pourtant envie de tout dessiner.

« Chaque navire ayant à son bord un photographe dans son équipage, plus de sites, plus de rivages, plus de côtes (dont on aura ainsi le relevé universel), plus de ports, etc., plus un type étranger quelconque d'hommes, d'animaux, de plantes, etc., qui n'aient leur reproduction identique dans les cartons du gouvernement. Il en serait de même des acci-

---

1. F. Arago, *Le Daguerréotype*, comptes rendus de l'Académie des sciences, séance du 19 août 1839.

dents de mer, des échouements de navires [...]. Ce serait là, non seulement l'histoire en action de la marine ; mais encore, dans un temps donné la représentation du monde entier, aux différents points de vue de la topographie, de l'hydrographie, des espèces animale, végétale, et minérale.

« On comprend sans peine quels services, toujours dans un temps donné, et même dès aujourd'hui, pourrait rendre à l'histoire, à la science, aux arts, au gouvernement lui-même, l'ensemble de pareils documents[1]. »

Ces utopies puissantes, dont le développement de la photographie est à la fois cause et conséquence, expliquent le départ incroyable, trois mois à peine après la découverte de la photographie, des peintres Frédéric Goupil-Fesquet et Horace Vernet pour Alexandrie. À peine arrivés en Égypte, ils rencontrent là le peintre Pierre-Gustave Joly de Lotbinière, équipé du même matériel par le même opticien parisien : Nicolas-Marie Paymal Lerebours[2]. L'ouvrage illustré *Excursions daguerriennes, villes et monuments les plus remarquables du globe*, issu des fruits de leur voyage, trahit la folie rêvée d'un recensement du monde.

Une véritable frénésie s'empare des photographes. Près de trois cents voyages photographiques sont effectués officiellement par des Français ou des Anglais entre 1839 et 1880 en Italie, Espagne, Grèce, Turquie, Syrie, Palestine, Liban, Égypte, Nubie, Perse, Arabie, Afrique, Algérie, Inde[3]. La prise en charge par l'État des projets individuels de missions photographiques ne se mettra en place que sous le second Empire.

La photographie rencontre l'Orient ; l'Orient rencontre la photographie. Comme lui, elle est mémoire et rêve d'un

---

1. C. Macaire, *Note relative à la création d'une section de photographie au ministère d'État*, 5 février 1855 (Archives nationales, F 21 562), cité par A. Rouillé, *La Photographie en France, Textes et controverses 1816-1871*, Paris, Macula, 1989.
2. A. Rouillé, *ibid.*
3. C. Bustarret, *Parcours entre voir et lire : les albums photographiques de voyages en Orient (1850-1860)*, Thèse sous la direction d'A.-M. Christin, Sémiologie, Université Paris-VII, 1989.

monde immortel. Elle brave la mort, pallie les destructions. « La photographie a déterré le pays des nécropoles et nous l'expose en une encyclopédie complète [...][1]. »

Une philosophie de progrès

Pour Arago, marqué par les écrits de Condorcet, la science et ses applications, dont fait partie la photographie, sont les moteurs d'une philosophie de progrès. Ce progrès n'est pas seulement économique, politique, social ; il est aussi moral. L'évolution technique doit orienter les choix politiques. Non l'inverse : Arago s'opposera toujours à l'ingérence de la scène politique dans les fonctionnements scientifiques. Ainsi se manifeste sous la Restauration son appartenance à l'opposition.

De 1830 à 1848, durant la monarchie de Juillet, François Arago devenu député développe publiquement ses idées sur le rôle de la science, milite en faveur d'un développement industriel resté larvaire sous les Bourbons. La nouvelle monarchie semble l'occasion de rattraper le temps perdu. Pour lui, comme pour Condorcet qui « regardait le soin de hâter ses progrès, comme une des plus douces occupations, comme un des premiers devoirs de l'homme [...] », les facultés morales de l'être humain sont infiniment perfectibles. Cependant, contrairement à Condorcet — qui, après la destitution de Turgot, regrettait amèrement de devoir reprendre ses travaux de géométrie, « de ne plus travailler que pour la gloriole quand on s'est flatté quelque temps de travailler pour le bien public » —, François Arago prend vigoureusement la défense de la science. « Si, entraîné jusqu'au paradoxe par une légitime douleur, Condorcet a voulu insinuer que les découvertes scientifiques n'ont jamais une influence directe et immédiate sur

---

1. M. Du Camp, « A propos de Égypte, Nubie, Palestine et Syrie » (seconde partie), *La Lumière*, n° 27, 26 juin 1852.

les événements du monde politique, je combattrai aussi cette thèse, sans même avoir besoin d'évoquer les noms retentissants de boussole, de poudre à canon, de machine à vapeur. »

Héritier des Lumières, Arago prône des idéaux de démocratie, d'égalité ; se bat vigoureusement pour l'abolition de l'esclavage, pour le suffrage universel. L'instruction est la condition du progrès humain ; l'émancipation du peuple doit conduire à son émancipation politique. La nouvelle classe des travailleurs de l'industrie est agent du progrès. La photographie, cet « insaisissable objet du désir », s'éloigne du champ artistique ; elle est une innovation industrielle susceptible de procurer du travail à ceux qui n'en ont pas.

En 1840, Arago prononce à la Chambre des députés un nouveau discours qui suscite de vifs commentaires : « L'invention des machines exige l'organisation nouvelle des sociétés modernes. » Ces appels à l'organisation du travail qui soulèvent des tollés ne rejoignent pourtant pas les thèses socialistes auxquelles n'adhère guère Arago. Pour lui, si des réformes doivent avoir lieu — et elles doivent avoir lieu — c'est dans l'enseignement et la politique qu'elles doivent se produire.

Pour Arago, la photographie est un progrès social, une utilité industrielle, scientifique, artistique, un outil. Elle n'est jamais une finalité. Si Arago pressent l'importance de la découverte de la photographie, jamais finalement il ne parle vraiment d'image. Les comptes rendus de ses communications ne sont — paradoxalement — jamais illustrés. Ils ne font l'objet d'aucune démonstration. En 1835, lorsqu'il met au point le projet de publication des comptes rendus hebdomadaires de l'Académie des sciences, il en exclut les schémas et les tableaux, prétextant les difficultés de fabrication. Nous voici loin des futurs ouvrages illustrés de la vulgarisation scientifique dirigés dans la seconde moitié du XIXe siècle par Gaston Tissandier, Flammarion, Louis Figuier.

Ses interventions ont cependant fait naître un véritable engouement. Nombreux sont les scientifiques qui, grâce à lui, donnent libre cours à leur désir d'images après ce 19 août 1839. Les daguerréotypes matérialisent les rêves. Sans culpabilités : les procédures de légitimation ont été accomplies avec vigilance.

Chapitre IX

PHOTOMICROGRAPHIE

Alfred Donné, 1844

Technologies nouvelles

Saccharomyces cerevisiae : les champignons unicellulaires qui grouillent sur la platine sont bien connus des boulangers et des amateurs de bière. Utilisée depuis la haute Antiquité pour la panification et la fermentation du houblon, la levure de bière est, encore de nos jours, l'un des objets pédagogiques privilégiés de la microscopie. Sur la platine du microscope, les levures, traversées par la lumière, sont vues par transparence.

Le support photographique initial — un daguerréotype — est une émulsion de sels d'argent sur plaque de cuivre. Pièce unique : un daguerréotype n'est pas reproductible. Cependant, sa finesse, sa préciosité, son coût élevé, les difficultés mêmes de sa réalisation, lui confèrent naturellement une appartenance « scientifique ». En ces années 1840, on observe au microscope comme l'on fabrique des daguerréotypes : aux avant-gardes des savoirs, la microscopie rencontre la photographie. L'image est précise. Considérée comme l'une des premières photographies nées en milieu médical, elle a été réalisée en 1844 par Jean-Bernard Léon Foucault, assistant du professeur Alfred Donné qui donnait alors à Paris des cours du soir de microscopie à l'intention des médecins.

Alfred Donné n'attend pas longtemps après la révélation des procédés de la photographie en cette année 1839 pour se lancer dans ses propres essais. Spécialiste de microscopie, passionné par les « technologies nouvelles », c'est tout naturellement qu'il s'efforce de brancher une chambre noire à l'extrémité d'un oculaire de microscope. Le 27 février 1840, il annonce une réussite : celle de la réalisation de daguerréotypes d'objets microscopiques invisibles à l'œil nu ! « Après avoir enlevé l'oculaire du microscope, je reçois l'image de l'objet sur un petit écran transparent qui me sert à trouver le foyer ; je substitue alors à l'écran une plaque iodurée, et quand la lumière a produit son impression sur cette plaque, je l'expose comme de coutume à la vapeur du mercure. » Alfred Donné fait alors fabriquer un microscope daguerréotype par un opticien.

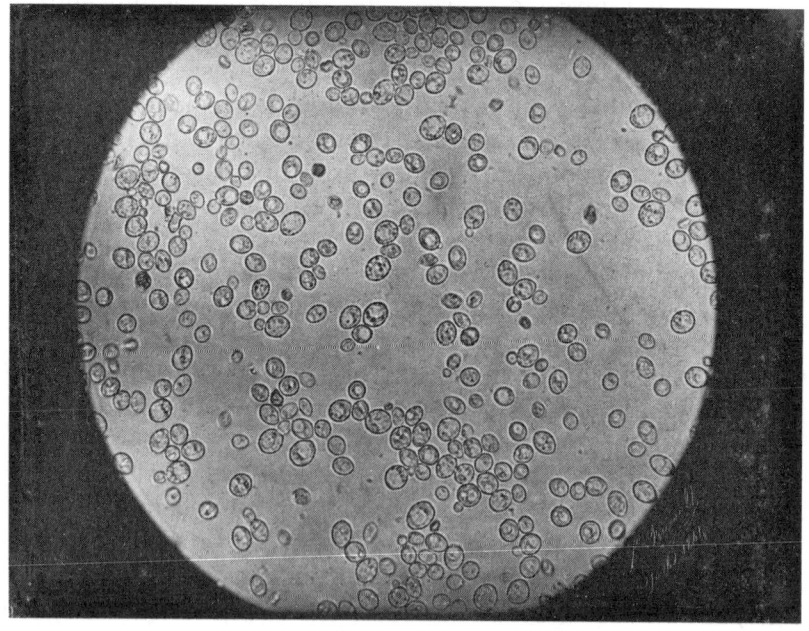

FIGURE 11. — Levures de bière.
Daguerréotype.
Alfred Donné, Jean-Bernard Léon Foucault, 1844.

Comment transmettre à tous ce qui s'offre à la vue d'un seul ? Comment décrire par les mots un disque de lumière grouillant de micro-organismes ? Avant l'usage de la photographie, le cours se déroulait ainsi : le professeur Donné décrivait au tableau devant une soixantaine d'élèves ce qu'ils devaient observer. Ensuite — à l'époque, le fait était remarquable — les élèves pouvaient, à l'aide d'une douzaine de microscopes, revoir à loisir ce qu'ils venaient d'apprendre. Jean-Bernard Léon Foucault, jouant son rôle d'assistant, était alors chargé de les guider dans leurs observations. En 1840, Alfred Donné s'estimait heureux. Grâce à ses daguerréotypes, il avait eu le bonheur de faire étudier à plus de mille élèves les détails de l'anatomie fine : salive, animalcules spermatiques, lait, matières purulentes...

L'irruption de la photographie au sein du dispositif d'observation est une révolution. L'image rend possible le partage du regard. Avec lui, le dialogue. Que l'on se souvienne des difficultés des premiers microscopistes qui ne savaient pas rendre leurs observations par le dessin et faisaient voyager leurs bocaux dans les malles-postes ! La photographie possède l'inestimable propriété de rendre compte — avec exactitude et simultanément — de l'ensemble et du détail. Mieux encore, un daguerréotype observé à la loupe révèle des détails de l'image imperceptibles à l'œil nu. Les observateurs inexpérimentés ne peuvent se faire une idée juste des constituants du sang par le seul dessin de quelques globules sanguins plus ou moins figurés de face ou de profil. Alfred Donné s'enthousiasme : avec la photographie, « ils les connaîtront avant de les considérer dans l'instrument, [...] auront une notion et une impression nette de leur aspect, et n'éprouveront aucune difficulté à le retrouver quand ils mettront l'œil au microscope. » Ne corrigeant pas la réalité, la photographie facilite la reconnaissance. Surtout, en recevant le hasard, elle permet la découverte.

Le dispositif constitué par l'objet, l'observateur, le microscope, se complique d'un appareil de prise de vue.

Ainsi s'installe un nouvel ordre du regard. Non clos, mais au contraire, ouvert. Il rend possible par la transmission de l'« observé », une lecture collective du monde générant des échanges scientifiques nationaux ou internationaux, des discussions.

Si le daguerréotype confère quelque prestige à la science, il n'est pas un instrument pédagogique idéal. Les reflets d'argent et les noirs miroitent. L'image, certes, est d'une belle définition mais l'observation est loin d'être aisée. Pour une bonne lecture, la lame doit être inclinée en tâtonnant, placée dans une position convenable par rapport aux rayons lumineux qui la frappent. Enfin, si la sensibilité aux bleus est très grande, elle est beaucoup moins performante dans les rouges. Or, dans le domaine de l'histologie, les rouges dominent. Les colorants des tissus eux-mêmes, le cochenille et le carmin, utilisés jusque vers 1860, sont des colorants rouges. Il faut une grande habileté pour éviter que les finesses d'un tissu ne se traduisent par des empâtements noirâtres.

Dispositifs de diffusion

Donné, qui souhaite toucher un public plus large que celui des cours du soir, entreprend la réalisation du premier atlas de microscopie photographique ayant jamais existé. Sont concernés non seulement les levures de bière et les globules sanguins, mais aussi, le lait, le mucus, les zoospermes, le tissu osseux, le tissu dentaire. Le contexte institutionnel est favorable. Le doyen Orfila s'est empressé de placer les leçons de microscopie — malgré leur caractère privé — sous l'égide officielle de l'École de l'hôpital des cliniques. Les travaux de Donné et de Foucault bénéficient de soutiens solides. Pour l'impression, Alfred Donné a le choix entre deux procédés. Soit attaquer directement les endroits sombres de la plaque à l'acide, après avoir couvert les endroits clairs de mercure puis livrer la taille douce à l'imprimeur afin de tirer des épreuves. Soit, plus simplement, faire copier les photographies par un graveur habile. Alfred Donné opte pour la seconde voie qui préserve les plaques daguerréotypes. Le graveur Oudet réalise ainsi à la main quatre-vingt-six planches gravées. Le 27 janvier 1845, l'atlas gravé du *Cours de Microscopie complémentaire des études médicales* est présenté à l'Académie des sciences[1].

Jusqu'à la mise au point de l'héliogravure dans les années 1860, la diffusion de la photographie naissante reste largement tributaire du dessin. Après cette date, les incertitudes techniques restent telles que l'on préfère souvent les procédés n'utilisant pas un recours direct à la photographie. Le début du second Empire est même marqué par une période de découragement : l'impression de photographies s'avère plus délicate que ce qui avait été prévu. À partir de 1880, cependant, l'invention de la trame, l'association des procédés traditionnels de la gravure et de la photographie, faciliteront l'impression des modelés de gris et permettront enfin la diffusion d'images — certes insuffisamment contrastées —, mais ayant l'aspect de photographies.

En ces années 1840, l'idée de projeter les images sur le mur de la salle d'étude naît du désir du jeune Jean-Bernard Léon Foucault de perfectionner le système d'éclairage du microscope. Jusque-là les microscopes dits « solaires » faisaient simplement converger sur la platine la lumière naturelle réfléchie sur un miroir. Foucault propose l'usage de la lumière électrique : les observations, les photographies pourraient alors être effectuées même par temps gris. Il a l'idée d'utiliser à cette fin le charbon de cornue, peu combustible à l'air et très bon conducteur de l'électricité. Deux petites baguettes de charbon sont ainsi reliées aux deux pôles d'une pile voltaïque. Une lumière d'une prodigieuse intensité est ainsi obtenue. La densité des charbons

---

1. A. Donné, J.-B.L. Foucault, *Anatomie microscopique et physiologique des fluides de l'économie. Atlas exécuté d'après nature, par MM. Donné et Foucault*, 1845.

garantit sa relative stabilité. L'inconvénient majeur de ces lampes primitives provient de l'usure des deux charbons : Foucault devait les rapprocher à la main au fur et à mesure de leur usure. Dès 1844, le procédé — l'un des premiers éclairages électriques — est appliqué aux projections d'anatomie microscopique.

L'année 1844 n'est pas même écoulée que l'opticien Deleuil réalise, grâce au dispositif de Foucault et Donné, la première expérience d'éclairage public qui ait jamais été faite « en aucun lieu du monde ». Les deux pointes de charbon sont placées sur les genoux de la statue de Lille et cent éléments de pile Bunsen sont logés dans la petite pièce ménagée dans les soubassements de la statue. L'expérience devait être répétée quelques jours plus tard quai Conti.

Pionnier, Alfred Donné l'était déjà en matière de pédagogie du microscope. Le voilà désormais aux avant-postes mondiaux en matière de micro-daguerréotypie. Nul mieux que lui ne sait que ce qui se fixe sur la plaque daguerréotypique n'est pas *la* réalité, mais *une* réalité. Malgré cela, il met en avant l'automaticité, la neutralité de l'image photographique. Il justifie de manière péremptoire le caractère spéculatif de ses recherches : « La photographie est l'arme absolue des sciences d'observation. » Pour lui, elle trouve sa légitimité, sa gloire, dans son aptitude à revoir le hasard : « Nous avons reproduit le champ microscopique tout entier, tel qu'il est venu au daguerréotype, avec ses variétés et ses accidents. » L'autonomie de la plaque sensible, son indépendance sont érigées en valeurs. Pour la promotion de la nouvelle technique, l'enthousiasme conduit à utiliser des arguments opposés aux arguments classiquement utilisés en faveur du dessin naturaliste. Le dessin souligne l'élément signifiant ? la photographie de Donné enregistre. Le dessin « dit » ce qu'il convient de voir ? la photographie de Donné offre à voir. Le dessin se veut affirmation ? elle est réflexion. Il abolit le hasard ? elle le reçoit.

L'objet photographique

« De quoi donc est-elle faite ? » Avant même de chercher à réaliser sa première image, Alfred Donné observe la surface daguerréotypique au microscope : la photographie est matière avant d'être image. L'invisibilité des mécanismes moléculaires dont elle est l'objet est une garantie d'objectivité et d'indépendance vis-à-vis de l'observateur sujet. L'image existe indépendamment du geste, de l'œil, d'une maîtrise technique.

Les mots utilisés par les scientifiques pour la dire trahissent ces volontés d'objectivation. L'image est décrite comme un phénomène sans observateur, une expérience sans expérimentateur. La couche sensible, les matériaux — verre ou papier —, les rayonnements lumineux, les réactions chimiques, les objets photographiés, l'atmosphère terrestre, deviennent, dans les discours, les véritables acteurs de l'acte photographique : les précieuses substances que l'on étend sur la plaque de cuivre possèdent des « sensations ». Non seulement, elles renvoient d'une manière un peu mystérieuse les radiations qui les frappent, mais encore, elles les modifient de façon différentielle. Paradoxalement, l'image photographique, « automatique », « objective », en s'interposant entre l'œil de l'observateur et le monde favorise l'affirmation d'un réalisme scientifique. Offrant une indéniable impression de réalité, fonctionnant comme une mécanique autonome, un double parfait de son objet, la photographie semble apporter la preuve de l'existence d'un monde neutre, unique, objectif, universel, qui n'aurait guère besoin de ses observateurs pour exister.

Simultanément, ces figures d'objectivation s'accompagnent d'une implication plus profonde de la photographie au cœur des débats scientifiques. Il y a du photographique dans la science. Il y a du scientifique dans la photographie. De l'un à l'autre quelque chose se trame, de l'ordre d'un horizon commun.

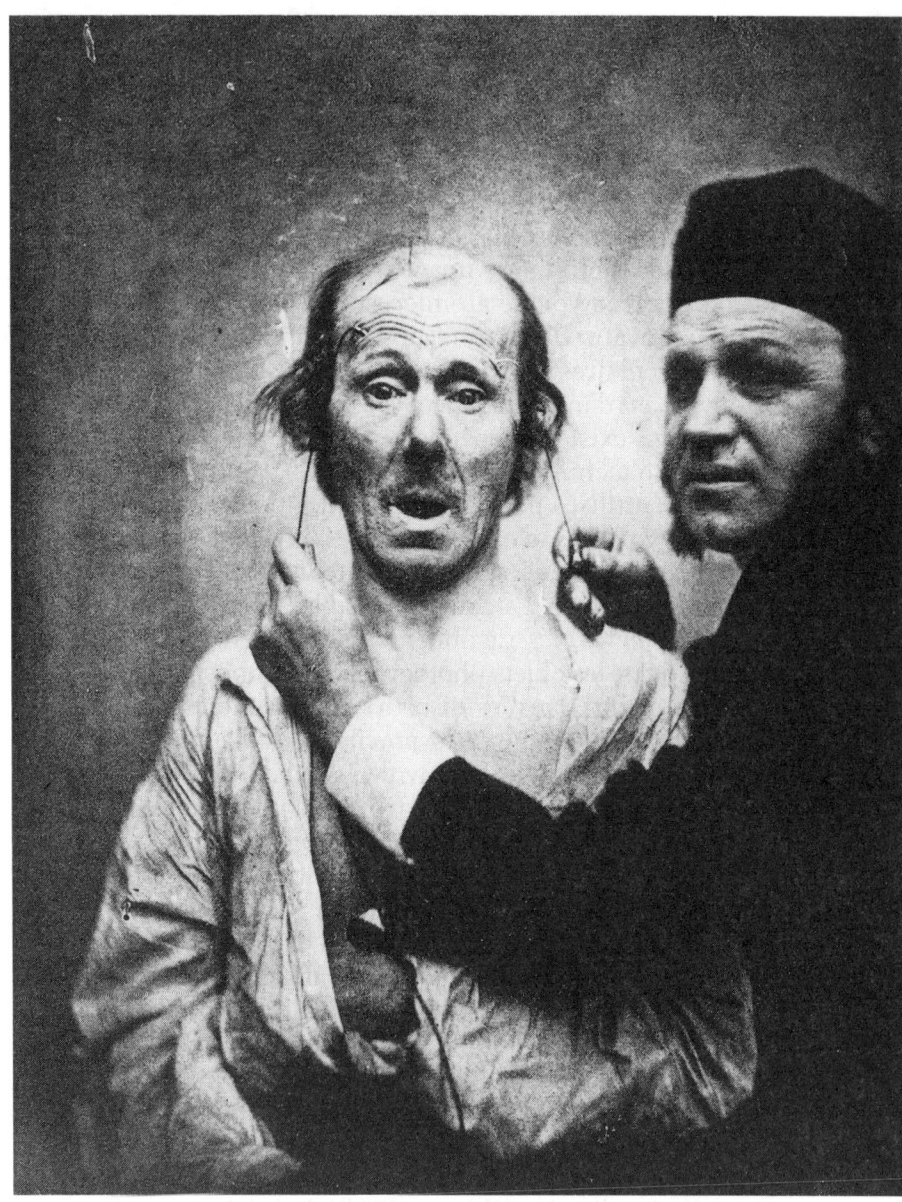

FIGURE 12. — Expérience électrophysiologique, hôpital de la Salpêtrière.
Photographie réalisée entre 1852 et 1856, publiée dans Guillaume Duchenne de Boulogne, Mécanismes électrophysiologiques de l'expression des passions, 1862. Guillaume Duchenne de Boulogne (à droite sur la photographie) applique des réophores sur le visage d'un homme. Le passage du courant électrique provoque la contraction de muscles du visage et génère des expressions spécifiques.

Chapitre X

FARADISATION

Guillaume Duchenne de Boulogne, 1862

Une orthographe du visage

« C'était un vieux pensionnaire d'hôpital atteint d'anesthésie de la face, c'est-à-dire chez lequel la peau était insen-
sible à toute excitation douloureuse ; l'électricité pouvait
donc chez ce malheureux être appliquée sur la peau, la traverser sans provoquer de réactions douloureuses et aller
exciter les muscles sous-jacents qui avaient parfaitement
conservé leur contractilité, c'est-à-dire fonctionnaient
comme sur un sujet normal. On pouvait ainsi contracter
chez lui tel ou tel muscle isolément, provoquer par exemple
l'action du grand zygomatique et donner à sa face l'expression du rire, sans que le sujet eût aucune notion de ce que
reflétait alors sa physionomie. » En exergue à son ouvrage
Mécanismes de la physiologie humaine[1], le médecin Guillaume Duchenne dit Duchenne de Boulogne, du nom de sa
ville natale[2], a mis la photographie d'un pauvre homme, au

---

1. G. Duchenne de Boulogne, *Mécanismes de la physiologie
humaine ou analyse électrophysiologique de l'expression des passions. De
l'électricité localisée et de son application à la pathologie et à la thérapeu-
tique*, Paris, Baillière, 1862.
2. Guillaume Duchenne de Boulogne est né à Boulogne-sur-Mer,
en 1806. Installé à Paris en 1842, il devient l'un des pionnier de la médecine clinique. Spécialiste des systèmes musculaires et nerveux, il est

visage ridé, un peu simple d'esprit, pensionnaire à l'hôpital de la Salpêtrière et cordonnier de son métier. L'homme est doué d'une expression étrange, comme hallucinée. À ses côtés, le médecin en personne applique sur son visage deux réophores reliés à une source de courant de faible intensité. La contraction musculaire fait naître une expression fugitive à laquelle la photographie confère une permanence.

L'opération de prise de vue est délicate. Après avoir fait prendre au patient la pose qui convient grâce à un appui-tête, Duchenne de Boulogne soigne les éclairages, effectue la mise au point. Pendant ce temps, la plaque photographique est couverte de collodion et sensibilisée. Lorsque Duchenne de Boulogne agit seul, la mise au point sur son propre personnage est rendue délicate. Lorsqu'il bénéficie de l'aide d'un collaborateur, il lui confie cette dernière tache. Il se réserve toujours pourtant le tirage des photographies, estimant que mieux qu'un photographe il est apte à juger d'une forme ou d'une expression. Les nombreux flous et hors cadres dont son propre personnage est entaché sur d'autres photographies trahissent la difficulté de la mise en œuvre d'un double protocole électrophysiologique et photographique.

Les expériences photographiques de Guillaume Duchenne de Boulogne se veulent « scientifiques ». Elles tirent explicitement leur légitimité de l'*Histoire de l'homme* de Buffon. Les visages sont des tableaux — des « écrans » — sur lesquels se peignent les plus secrètes agitations : l'âme en est le pinceau. Ainsi se traduisent aussi bien la délicatesse que l'énergie, les hésitations et les volontés farouches. L'équation est simple. Chaque mouvement de l'âme s'ex-

---

célèbre pour ses recherches sur l'atrophie musculaire progressive, ses travaux sur la paralysie atrophique de l'enfance, sur la paralysie glosso-labio-pharyngée. Sa description de la paralysie musculaire pseudo-hypertrophique a valu à la maladie l'appellation de « maladie de Duchenne ». Ses travaux sur l'utilisation de l'électricité dans la connaissance de la physiologie musculaire et nerveuse lui vaudront plusieurs distinctions. Duchenne de Boulogne meurt à Paris en 1875.

prime par une forme du visage ; à chaque forme correspond un caractère. Pour Duchenne de Boulogne, le choix d'un simple d'esprit pensionnaire de la Salpêtrière facilite les premières expériences : les émotions frustes aideront la mise en œuvre de conclusions claires.

Au lecteur d'apprendre à décrypter ces textes du visage écrits par la nature. « Si l'âme est la source de l'expression, si elle est responsable de la mise en jeu des muscles, si elle peint sur la face en traits caractéristiques l'image de nos passions alors, les lois qui régissent l'expression de la physionomie humaine peuvent être recherchées par l'étude de l'action musculaire. [...] Je ne me bornerai pas à formuler ces lois ; je représenterai par la photographie les lignes expressives de la face pendant la contraction électrique de ses muscles. En résumé, je ferai connaître par l'analyse électrophysiologique, et à l'aide de la photographie, l'art de peindre correctement les lignes expressives de la face humaine, et que l'on pourrait appeler orthographe de la physionomie en mouvement[1]. »

Même si Guillaume Duchenne de Boulogne cite volontiers comme ancêtres le peintre Le Brun[2], ou le physiognomoniste suisse Johannn Caspar Lavater[3], son approche du visage est profondément originale. Certes, la correspondance entre la profondeur des sentiments et les traits de la figure humaine est le présupposé de ses expériences, mais le médecin ne cherche pas comme Le Brun ou Lavater à lire sur les visages les signes d'une disposition de l'âme. La faradisation le conduit, muscle après muscle, à établir une cartographie des mécanismes mis en œuvre dans les expressions.

Les rires sarcastiques, les expressions de terreur ne nous font aujourd'hui frémir que parce que nous oublions les dispositifs de prise de vue ; nous les méconnaissons.

---

1. G. Duchenne de Boulogne, *op. cit.*
2. Charles Le Brun (1619-1690).
3. Johann Caspar Lavater (1741-1801).

Duchenne de Boulogne a pourtant laissé visibles ses outils dans le cadre : réophores, fils conducteurs, machine à induction, nous offrent les clés de la lecture. Ainsi, nous ne devons voir là qu'une surface, non une sémiologie corporelle qui, traduisant la douleur ou la joie, nous conduirait aux symptômes.

La photographie est moteur de ces remontées des attentions vers les surfaces. Les visages qui apparaissent là, avec leurs sourires justes ou faux, leurs pleurs, leurs moues et leurs sourcils en accents circonflexes, n'existent que par elle. C'est elle qui offre l'opportunité de leur étude systématique. Elle qui incite à user de l'électrisation. On aurait tort de ne voir en elle qu'une simple technique d'enregistrement : elle est le moteur essentiel de l'expérience, la véritable créatrice de ces visages sans passion. Sans elle, ils n'existeraient pas.

De l'espace au temps

Duchenne de Boulogne instruit un ancrage territorial, presque une écologie. Chaque sentiment a ses muscles ; chaque muscle ou groupe de muscles son sentiment. Certaines expressions sont obtenues par la contraction d'un seul muscle. D'autres par la contraction simultanée de plusieurs muscles ; le tout est rigoureusement la somme des parties. Le fondement logique est cartésien. « Le corps n'obéit à l'âme qu'à la condition d'y être d'abord mécaniquement disposé. La décision de l'âme n'est pas une condition suffisante pour le mouvement du corps » : Duchenne pourrait faire siens ces propos tenus par Descartes. L'âme en soi ne fournit aucune explication ; seule l'interprétation des contractions musculaires en terme de « mécanisme » — machine constituée de pièces parfaitement agencées et douées de finalités — permet de répondre au « comment ? ».

Le visage mécanique de Duchenne de Boulogne annonce l'homme machine du physiologiste Étienne Jules

Marey qui verra le jour — photographiquement — dans les vingt dernières années du siècle. L'un et l'autre sont des « modèles », créations expérimentales d'une série de photographies mimant la réalité sans forcément lui ressembler, mais permettant d'en comprendre le fonctionnement.

Quelques années plus tard, Darwin arrache ces expressions du visage à leur ancrage territorial. Dans l'un de ses derniers ouvrages, *L'Expression des émotions*[1], il se sert des photographies du visage que lui a généreusement données Guillaume Duchenne de Boulogne. En publie certaines telles qu'elles. Fait regraver les autres. Sur les gravures, il a fait disparaître les réophores et l'expérimentateur. Il ne reste qu'un visage animé d'une expression de terreur, un autre tordu par la douleur et la souffrance extrême... En réalité, il n'est plus important de faire figurer le dispositif technique sur les images : pour Darwin, le visage n'est plus un mécanisme.

Darwin a lu Duchenne. Il s'inscrit dans la même lignée d'ancêtres que lui et *L'Expression des émotions* est organisé selon un plan similaire à celui des *Mécanismes de la physionomie humaine*, sentiment après sentiment. Si Darwin rend hommage au médecin (« Personne n'a plus soigneusement que lui étudié la contraction de chaque muscle en particulier »), il ne manque pas de le critiquer avec vigueur (« Il a exagéré l'importance de la contraction isolée des muscles pris individuellement dans la production de l'expression »). Pour lui, à l'exception de Spencer (« le grand interprète du principe de l'évolution »), tous ceux qui ont travaillé sur l'expression des visages — et Duchenne de Boulogne ne fait pas exception — ont commis une profonde erreur : ils étaient persuadés que l'espèce humaine était apparue dans son état actuel. Pour Duchenne de Boulogne, affirme Darwin, c'est le créateur qui a voulu que les signes caractéristiques des passions s'inscrivent passagèrement sur la face de l'homme ; l'universalité du langage des expressions reste chez lui sans explication.

------

1. C. Darwin, *L'expression des émotions chez l'homme et les animaux*, 1872.

Pour Darwin, les dents qui se découvrent, les cheveux qui se dressent, sont inexplicables si l'on n'admet pas que l'homme fut autrefois empreint de bestialité. Les muscles de la face n'ont pas pour seule fonction l'expression de sentiments humains : « La preuve est que les singes anthropoïdes possèdent les mêmes muscles faciaux que nous et personne ne pourra admettre qu'ils en sont pourvus dans le seul but d'exécuter leurs hideuses grimaces. » Il importe de briser les barrières entre l'homme et les animaux : la négation des liens de l'un à l'autre rend impossible la recherche des causes de l'expression. La contraction des mêmes muscles de la face pendant le rire, chez l'homme ou chez les singes ne se comprend que si l'on croit à l'existence d'un ancêtre commun.

Les photographies facilitent le passage : de l'expression des passions à celle des émotions, de Duchenne à Darwin. Les mêmes images couvrent une profonde rupture : un gouffre épistémologique sépare les descriptions territoriales de celles qui, plus conceptuelles, s'inscrivent dans le temps.

De la science vers l'art

Les images voyagent. La technique photographique favorise les échanges entre des domaines culturels parfois fort éloignés. Au XIXᵉ siècle, elle fédère artistes et scientifiques au moment même où se manifestent des ruptures violentes entre une approche sensible du monde et son approche formelle. La Société française de photographie, créée en 1854 « dans un but uniquement scientifique et artistique », s'est donnée pour objectif de réunir artistes et savants. Il s'agit alors d'améliorer l'« art » photographique, c'est-à-dire le métier, les savoir-faire : dans les expositions organisées par la Société, les retouches sont interdites. Le passage de la science vers l'art n'est pas cependant une simple circulation. Loin de se limiter à une passivité, il agit et transforme.

Par ses images, Duchenne de Boulogne s'adresse à la

fois aux scientifiques et aux artistes. Aux scientifiques, lorsqu'il cherche les lois régissant l'expression de la physionomie humaine. Aux artistes, lorsqu'il offre une description des apparences.

Évitant de poser en savant démiurge au cœur d'un diabolique dispositif expérimental, il s'est abstenu de photographier les visages des morts qu'il réactivait dans les morgues des hôpitaux. Il n'a pas non plus conservé la mémoire de ces têtes de chiens isolées des corps qu'il faisait parcourir de courants électriques afin de générer sur les têtes animales des expressions voisines de celles des visages humains.

Ces précautions n'ont pas suffi. Le médecin est confronté à des critiques inattendues : il a choisi comme premier modèle un homme « effroyablement laid ». Sensible à ces arguments, il achève la *Partie scientifique* de son ouvrage, poursuit ses travaux en utilisant principalement une jeune femme pour modèle dans la *Partie esthétique*. La réception conditionne le statut de l'image. Il importe que ce qui est vu de l'image réponde à ce qui est attendu ; si cette correspondance n'existe pas, l'image photographique ne participe pas à la construction d'une vérité. Le visage d'un pauvre homme est difficile à supporter dans un contexte de lecture renvoyant au monde artistique. La tension qui se crée alors est déstabilisante, mais aussi moteur de transformation. Une jeune femme est substituée à un vieil homme : dans ces voyages entre la science et l'art, l'image technique a circulé mais son objet a changé.

À l'époque, un médecin est volontiers considéré comme un homme de l'art et Duchenne de Boulogne peut, sans culpabilité, se dire peintre. Ses pinceaux sont les muscles de la face. La seule pratique de la photographie, la maîtrise de ses procédés alors très délicats, suffiraient d'ailleurs à conférer à ses techniciens un statut d'artistes. C'est en adepte du clair-obscur que Duchenne de Boulogne réfléchit, se référant à Rembrandt ou Ribera. Les expressions sombres de souffrance, de douleur, de frayeur, de torture mêlée d'effroi, sont traduites — aussi — par des ombres profondes. L'étonnement, l'ébahissement, l'admiration, la gaieté, sont décrits par des photographies très lumineuses. Duchenne artiste ne peut plus se limiter comme Duchenne scientifique à mettre en relief les lignes caractéristiques d'une expression. Le visage seul ne suffit plus. La vérité artistique est autre que la vérité scientifique : la signification d'une émotion passe aussi par le geste et l'attitude des personnages. Le tronc, les membres, doivent être photographiés avec autant de soin que la face.

Sur la photographie intitulée *La prière douloureuse*, une jeune femme voilée de blanc, cheveux coiffés en bandeaux, lève les yeux vers le ciel. À ses côtés, le médecin applique une électrode sur sa tempe. Le visage du modèle prend une expression double, peu commune : « Résignation du côté gauche ; prière avec un peu de tristesse du côté droit. »

Sur une seconde image, la jeune femme, voilée comme une sainte, se penche sur un berceau. Sur son visage se peint une expression curieuse et double. Côté gauche, joie maternelle mêlée de douleur (rire mêlé de larmes douloureuses). Côté droit, joie maternelle complète. La légende rédigée par Duchenne de Boulogne relate l'histoire de cette femme dont les deux enfants auraient été victimes d'une grave maladie. L'un d'eux serait mort, l'autre est sur le point de succomber. La mère, cependant, découvre sur ses traits les premiers signes d'une évolution favorable. Elle s'écrie : « Il est sauvé ! » La jeune femme est naturellement animée de sentiments contradictoires. Sur son visage se peignent à la fois la joie et la douleur.

On a trop donné à Duchenne de Boulogne la figure d'un original, d'un savant isolé, pour que nous ne cherchions pas précisément à comprendre ses travaux artistiques comme la cristallisation d'une convergence, le fruit d'une histoire qu'elle crée en retour. Cette histoire ne se limite pas à celle de l'art : elle prend en compte celle de la physiologie, de la médecine, celle de la photographie, celle des institutions. En prise directe sur les trois domaines les plus dynamiques et les plus prometteurs de l'époque : la médecine, la photographie, l'électricité, Duchenne de Boulogne est bien une figure de la modernité. Jean-Martin Charcot, qui s'amusait à l'appeler « cher maître », a reconnu en lui l'un des grands précurseurs de la médecine clinique. Il a rendu hommage à celui qui fut l'un des inventeurs de l'ataxie locomotrice progressive (le tabès), qui décrivit la paralysie musculaire hypertrophique ou myosclérotique (« myopathie de Duchenne ») et développa la connaissance de la physiologie et des pathologies neuro-musculaires par l'électricité. C'est vraisemblablement grâce à Duchenne de Boulogne que l'intérêt de Jean-Martin Charcot pour la photographie fut aiguisé. En 1878 ce dernier créa à l'hôpital de la Salpêtrière le premier service photographique institutionnel.

De la médecine, de l'électricité, de la photographie et de l'étude du visage humain, laquelle a précédé l'autre ? Laquelle a induit l'intérêt pour l'autre ? L'idée fut-elle le prélude aux mises au point techniques ? Ou bien, à l'inverse, les idées, les recherches esthétiques sont-elles nées d'une opportunité technique ? Il y eut certes des prémisses : l'électricité n'attend pas Duchenne de Boulogne pour rencontrer la médecine ou les muscles. Et la photographie croise, dès son émergence, les chemins des médecins, ceux des portraitistes. Il est inévitable que les visages de Félix Nadar, dont le frère photographe collaborait avec Guillaume Duchenne de Boulogne, soient marqués par les travaux de Guillaume Duchenne de Boulogne qui les ont juste précédés.

Reste que l'exceptionnelle position historique de Duchenne de Boulogne le rend pionnier, promoteur des technologies modernes de l'électricité et des technologies de l'image dans la clinique médicale. Mieux encore, elle bouscule les chronologies : avant même le développement d'une anatomo-clinique par Charcot, Duchenne de Boulogne ouvre la voie d'une physiologie du vivant. La photographie est un déclencheur. C'est elle qui décide d'une expérimentation de grande ampleur sur les visages. Elle qui donne naissance à ces expressions dont elle est, finalement, l'unique justification. Elle enfin qui jette des ponts entre l'espace et le temps, l'individu et l'espèce, la médecine et l'esthétique, la science et l'art. Elle agit doublement : comme image, comme outil d'une modernité. L'histoire des idées s'enracine ici profondément dans celle des techniques photographiques.

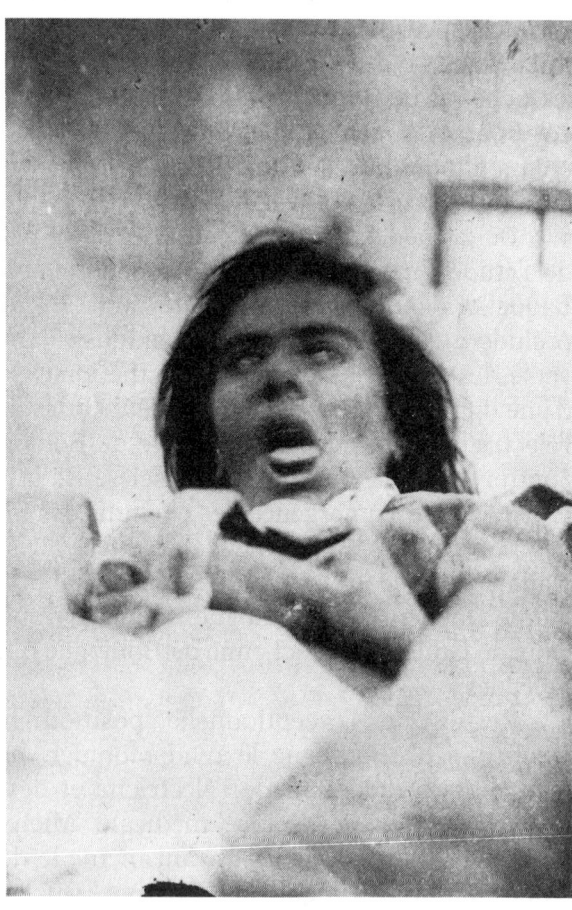

FIGURE 13. — « Hystéro-épilepsie ».
Papier albuminé. — 6 × 9,5 cm.
« M., fille d'une blanchisseuse et d'un horloger-comédien est entrée à la Salpêtrière (service de M. Delasiauve) le 9 juin 1867 et est passée en 1870 dans le service de M. Charcot [...]. M. semble en proie à une véritable angoisse ; les yeux sont fortement convulsés en haut et à gauche ; la bouche, ouverte, laisse sortir la langue qui est cyanosée. C'est là une expression démoniaque. »
Légende et photographie extraites de D. M. Bourneville et J. Régnard, Iconographie photographique de la Salpêtrière, *1875.*

Le poids du non-usage

Les passages de l'image photographique de la science vers l'art s'effectuent aussi par défaut. Quand la recherche d'une relation entre une apparence et des caractères profonds n'aboutit pas, quand il apparaît que les classements et classifications induits par la photographie n'ont d'autre sens qu'eux-mêmes, les images perdent brutalement leur intérêt scientifique. Désormais vides de sens pour le monde médical ou savant, elles gagnent les institutions artistiques ; acquièrent là, souvent, une autre dimension esthétique et pédagogique. Les nouveaux usages transforment les images elles-mêmes, leur donnent de nouvelles significations.

À l'hôpital de la Salpêtrière, les années passées à photographier les crises d'hystérie ne produisent pas de nouveaux savoirs. Les images de corps convulsés s'accumulent sans que nul ne trouve d'origine anatomique à la maladie. Les impasses auxquelles conduisent dans les années 1880-1890 un certain nombre de recherches « visuelles » menées à l'hôpital de la Salpêtrière, sous l'égide du neurologue Jean-Martin Charcot, incitent Paul Richer et Albert Londe à se tourner vers le monde artistique : leurs photographies, leurs dessins, leurs sculptures pourraient y être d'une plus grande utilité. Ils pourraient pallier, par exemple, les déficiences d'une anatomie descriptive qui, jusque-là, ne prend pas en compte le mouvement. Ce passage du monde médical au monde artistique leur permet en outre de s'affranchir des lourds protocoles scientifiques et médicaux. Désormais, ils peuvent choisir librement leurs cadrages, leurs éclairages, et même, leurs patients. Incapables de guérir le corps malade, et notamment le corps hystérique, ils tentent d'imposer ailleurs l'hégémonie de leurs savoirs. Le passage du laboratoire et de l'hôpital à l'atelier de peinture s'accompagne de dangereuses dérives.

En 1890, l'interne Paul Richer, entré quelques années auparavant à l'hôpital de la Salpêtrière comme collaborateur de Jean-Martin Charcot, publie ainsi son *Anatomie artistique*. Les acquisitions de la science y sont mises au service des artistes : Paul Richer s'est inspiré très directement pour ses dessins des chronophotographies du physiologiste Étienne Jules Marey et de celles d'Albert Londe alors responsable du laboratoire photographique de l'hôpital. Le sculpteur Gérôme se félicite de ces initiatives. Devenu professeur d'anatomie à l'École des beaux-arts, Paul Richer crée un enseignement de l'anatomie du mouvement tout en fustigeant l'anatomie de l'immobilité. Il en vient progressivement à définir des « canons artistiques et scientifiques » relatifs aux différentes proportions du corps humain et défend alors un véritable eugénisme fondé sur des arguments scientifiques de type darwinistes. « La race la plus parfaite, celle qui aura droit au premier rang dans la hiérarchie à établir, sera donc [...] celle qui, dans la lutte pour la vie, aura montré la plus grande supériorité, celle qui aura conquis la plus large place au soleil. Grâce à la science, ou plutôt aux diverses branches des sciences, nous arriverons donc à rayer comme ne pouvant prétendre à représenter la perfection humaine un bon nombre d'individus : d'abord ceux qui sont déformés par des causes morbides ou autres, puis ceux qui ne sont pas suffisamment développés, ceux qui offrent encore quelques signes extérieurs de l'animalité, ceux qui présentent un mélange même atténué des attributs sexuels ; enfin ceux qui ne représentent pas dans toute sa pureté le type de la race la plus résistante[1]. »

En passant du milieu médical au milieu artistique Paul Richer saute allégrement des lois aux canons. L'eugénisme qui se développe alors au sein du monde médical est une caractéristique française[2] qui n'attend pas pour exister la création en 1883 du concept d'eugénisme par sir Francis Galton. La photographie est probatoire et légitimante. Paul Richer, médecin et enseignant, trouve là l'occasion d'ériger en normes des critères de beauté.

---

1. P. Richer, *Introduction à l'étude de la figure humaine*, Paris, 1902, dans J.-M. Charcot, P. Richer, *Les Démoniaques dans l'art*, Paris, Macula, 1984.
2. A. Drouard, « Aux sources de l'eugénisme français », *La Recherche*, n° 277, juin 1995.

Chapitre XI

REGARDS DE SURFACE

Hardy et Montméja, 1868

L'appareil photographique qui s'installe au milieu du XIXᵉ siècle entre l'œil du médecin et le corps du patient bouleverse les relations de l'un à l'autre. En réalité, depuis quelques dizaines d'années, le regard porté sur le malade, sur la maladie a profondément évolué. Le décret du 4 décembre 1794 signé par la Convention a réalisé la fusion de deux métiers jusque-là distincts : celui de chirurgien et celui de médecin. Il a rendu légitime l'observation directe des malades. Les profondes réorganisations institutionnelles et sociales des lendemains de la Révolution française ont rendu possibles le toucher, la palpation, le regard direct porté sur le corps. Dans cette redécouverte du visible, la médecine clinique émergente et la photographie convergent. Les figures de la douleur basculent.

Dispositifs de prise de vue

La photographie qui surgit dans l'espace médical reporte l'attention des profondeurs vers la surface. La gravure invitait aux dissections, aux plongeons des regards à l'intérieur des corps ; la photographie, elle, abandonne les anatomies pour les apparences. Deux domaines sont ainsi brutalement promus : la dermatologie, les pathologies de la marche et du comportement. Dans ces jeux de surface, la photographie rend compte — ce que ne pourra jamais faire la gravure — du visage et du regard des malades. À la fois jeu superficiel et transmission du tragique, l'image photographique se résout ainsi en de profonds paradoxes.

En 1868, A. Hardy médecin à l'hôpital Saint-Louis et son élève A. de Montméja, qui connaissent déjà les travaux photographiques de leurs collègues anglais, entreprennent la publication de *La Clinique photographique de l'hôpital Saint-Louis*. Premier traité médical illustré de photographies, l'ouvrage est destiné à circuler, à créer des liens entre les médecins de Paris ou d'ailleurs. La peau qui porte ses lésions au regard devient le premier objet d'une photographie médicale institutionnalisée.

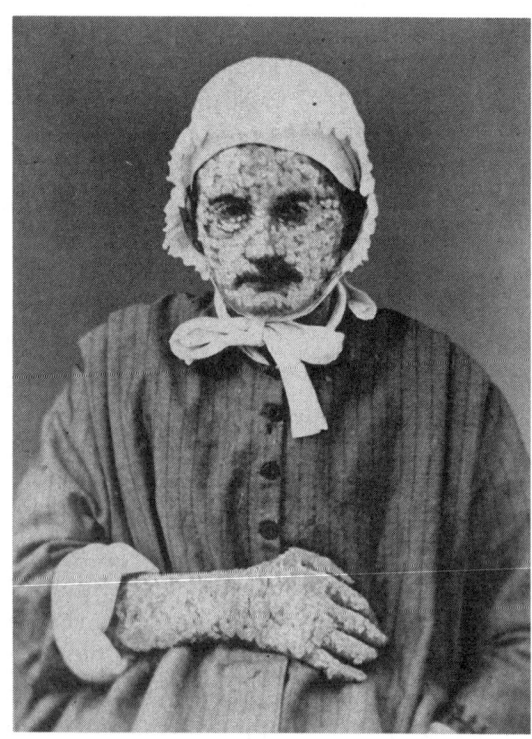

FIGURE 14. — Patiente atteinte de Pemphigus foliacé, hôpital Saint-Louis.
Photographie aquarellée publiée dans A. Hardy et A. de Montméja, La Clinique photographique, *1868.*

Broderie anglaise nouée en larges rubans sur sa tête, cette femme au visage altéré de pellicules blanches comme des écailles d'écorces de bouleau s'immobilise, le regard tourné vers le photographe. Dérisoire comme un Pierrot. La manche droite d'une blouse rayée, relevée, laisse paraître l'avant-bras. Fragment de peau, volontairement rendu visible, il invite à penser que le corps entier est couvert de squames. Nul discours, nulle plainte : la photographie rend le malade muet. Dans cette recherche absolue d'une visibilité, le dialogue est rendu inutile.

La réalisation des images n'est pas simple : les décalages entre la réalité des corps et leur figuration photographique agacent les médecins. Les difficultés techniques nées de l'usage du noir et blanc pour rendre compte des couleurs de la peau semblent insurmontables. « [...] une patine violacée sera rendue par une teinte très claire, une partie jaunâtre tirera sur le noir et cependant le jaune est pour notre œil la plus claire de ces deux teintes. » Afin de rendre compte des nuances de coloration, il faut faire tirer sur papier salé l'épreuve qui servira de support à la réalisation d'une aquarelle. La mise en couleur se fait ensuite, en présence des malades, par comparaison directe avec les altérations de leur peau. Les photographies aquarellées s'effectuent ainsi en trois temps : la prise de vue proprement dite, le tirage sur papier en chambre noire, le retour auprès des patients et la mise en couleur.

À ce prix, la photographie est la ressemblance, l'exactitude même. Cette utopie d'une image objective, exacte, ne prend cependant en compte ni les plaintes ni les douleurs ; elle empêche le regard de se porter au-devant des causes. La photographie est tout entière séméiologie et la séméiologie, photographie. La malade au bonnet de dentelle est réduite à ce *Pemphigus foliacé*[1] qui remplit son lit de dépouilles à une

---

1. Les *Pemphigus foliacés* sont aujourd'hui reconnus comme des maladies auto-immunes au cours desquelles des anticorps fabriqués par le patient entraînent une rupture de la cohésion des cellules épidermiques et la formation de bulles. Avant la découverte des corticoïdes, les pemphigus étaient généralement mortels. Voir Daniel Wallach dans R. Pujade, M. Sicard, D. Wallach, *À corps et à raison*, Paris, Marval, 1995.

incroyable vitesse. Tout juste apprend-on, au hasard d'une légende, que la patiente transpire en permanence, que la peau suinte et répand une odeur putride, que les démangeaisons sont à peine supportables, les guérisons rares. Les malades succombent à l'épuisement ou aux complications : entérites chroniques, phtisies pulmonaires, bronchites aiguës. Les choix thérapeutiques sont limités : il convient simplement de s'abstenir de bains et de topiques émollientes, de soutenir le plus possible les malades par le quinquina.

La Clinique photographique aligne ainsi, de page en page, ses patients silencieux. Le « tout visible » des corps s'affirme ; les visages disparaissent sous des amoncellements, des cristallisations, des chancres, des déformations insupportables.

Malades sans histoires, anonymes et colorés comme des cartes à jouer, ils se rangent dans les labyrinthes des classifications. Ils en remplissent les cases. La photographie, outre ses fonctions classificatoires, diagnostiques, séméiologiques, taxinomiques, mémorielles, familiarise le médecin avec une réalité parfois terrifiante. Elle est un déni du réel. Les bonnets brodés, les blouses repassées, s'efforcent d'adoucir pour la vue les ravages de maladies dont nous ne connaissons plus aujourd'hui ces formes extrêmes. La vue d'une peau malade est déroutante.

La clinique photographique se substitue à la clinique des corps. Les altérations de surface invitent aux classifications fondées sur les morphologies. À chaque type de pustules correspond un nom ; à chaque nom un type de pustules. Les squames blanches sont le *Pemphigus foliacé*. En retour, maladie mortelle, le *Pemphigus foliacé* est défini par un aspect de surface qui exclut toute analyse fonctionnelle, toute recherche des causes. La réussite médicale tient tout entière dans ces taxinomies ; pour un peu, on en oublierait de calmer, et même, de soigner.

La photographie, en réalité, crée les classifications, établit des bijections entre une forme et un nom. Le signe se substitue au symptôme ; le nom, au diagnostic. L'absence

de mots pour dire la diversité des altérations devient flagrante. On se débat entre les pustules, les macules, les
papules. Et le système fonctionne en boucle : si l'on n'y
prend garde, il exclut par force centrifuge à la fois le
malade et la maladie. Hardy se voit dans l'obligation de
rappeler avec vigueur que la médecine se doit d'observer et
non se contenter de mots.

La Clinique photographique est cependant l'outil pionnier irremplaçable d'une communication entre médecins.
Remplaçant avec profit les cires anatomiques, les « cas »
photographiés circulent, portant à domicile, en France, à
l'étranger, les pathologies rares. Avec eux, les hésitations,
plus que les certitudes ; la photographie, qui possède l'incomparable qualité de n'éliminer ni l'inconnu, ni le surpre-
nant, facilite la prise en compte de pathologies nouvelles.
Afin de faciliter ces échanges, Hardy et Montméja s'efforcent par tous les moyens d'abaisser les coûts de fabrication.
La Clinique photographique est réalisée au sein même de
l'hôpital, dans l'atelier conçu à cet effet. Les photographies
sont tirées en autant d'exemplaires que de livres ; elles sont
ensuite, une par une, aquarellées à la main.

De la lenteur des fabrications photographiques naît
aussi, à l'inverse, une familiarité avec les malades. Plus
tard, il sera reproché à Félix Méheux, photographe des
maladies de peau à l'hôpital Saint-Louis entre 1884 et 1904,
de ne pas faire œuvre scientifique, de ne pas homogénéiser
ses séries photographiques par des protocoles parfaitement
définis. « Tous les médecins connaissent les admirables
photographies dues au talent de M. Méheux. Mais [si] cette
manière de faire [...] fournit quelques merveilleuses
planches, bonnes à conserver sous cadre dans un musée,
elle ne saurait convenir pour des travaux de publication,
c'est-à-dire pour l'instruction de tous et non de quelques-
uns [1]. » Il est vrai que Méheux soigne les lumières, les mises

---

1. A. Burais, *Applications de la photographie à la médecine*, Paris,
Gauthiers-Villars, 1896.

en scène, le cadre. Il signe ses images. Certains le disent « artiste dermatologue ». Mais l'œuvre d'art ici s'oppose à l'inventaire scientifique.

Quand le noir et le blanc, la « grisaille » ne suffisent plus, Félix Méheux développe les techniques fines de la couleur et persévère même lorsque les médecins lui en font le reproche. La qualité des éclairages, l'attention portée aux modelés, à la matière photographique, donnent voix au malade plus qu'à la maladie. Elles suffisent à faire basculer l'objet vers le sujet souffrant. Hommes ou femmes dramatiquement marqués de cancres syphilitiques, de pelade décalvante, de psoriasis, se montrent et se cachent à la fois, comme autant de reproches. De la répétition des images naissent souvent l'humour, l'ironie, la protestation, mais les différences individuelles qui émergent des collections de Félix Méheux revêtent un caractère tragique. Les photographies ne peuvent plus être lues avec la distance nécessaire à toute recherche médicale. Elles terrifient ; font fuir ou, à l'inverse, suscitent d'immenses compassions. Méheux crée le désordre des sentiments. La sage ordonnance de *La Clinique* de Hardy et de Montméja s'éloigne.

Mise en scène du corps médical

En réalité, les premières photographies des années 1840 ont mis en scène le corps médical avant le corps humain, rappelant par là les anciennes gravures sur bois et les figurations des premières dissections. La plaque d'argent daguerréotype, précieuse, riche d'espoir, figeait des scènes riches d'avenir : le chirurgien occupait à la fois le cœur de l'espace médical et celui de la photographie. Multipliables, les photographies sur verre ou sur papier avaient pris le relais, affermissant encore les positions sociales des médecins. À partir du second Empire, la carte de visite illustrée du portrait de son propriétaire, ou d'une figure de la pathologie, pérennise le prestige du corps médical.

L'image fait le médecin : renforçant le respect dû à l'homme de l'art, elle façonne en retour le patient.

Le regard tourné vers l'appareil de prise de vue, les médecins posent au chevet des premiers patients anesthésiés. Le soldat John Parmenter, engagé volontaire lors de la guerre civile américaine en 1865, admis le 16 avril de la même année à l'Hôpital général de Washington pour blessure à la cheville droite, est allongé à plat ventre sur un mauvais lit de bois. Regard clair, cheveux bouclés, on jugerait l'attitude lascive sans cette blessure au pied, déjà envahie par la gangrène. Sur une seconde photographie, John Parmenter est, cette fois, couché sur le dos. Endormi. Le chirurgien se tient debout, derrière le lit, la main paternellement posée sur l'un des genoux du soldat. La jambe gauche de John Parmenter repose sur une cale, brutalement interrompue. Le pied gangrené a été coupé. L'image est mémoire d'une performance : celle d'une opération sous anesthésie. John Parmenter sortira quelques jours plus tard de l'hôpital.

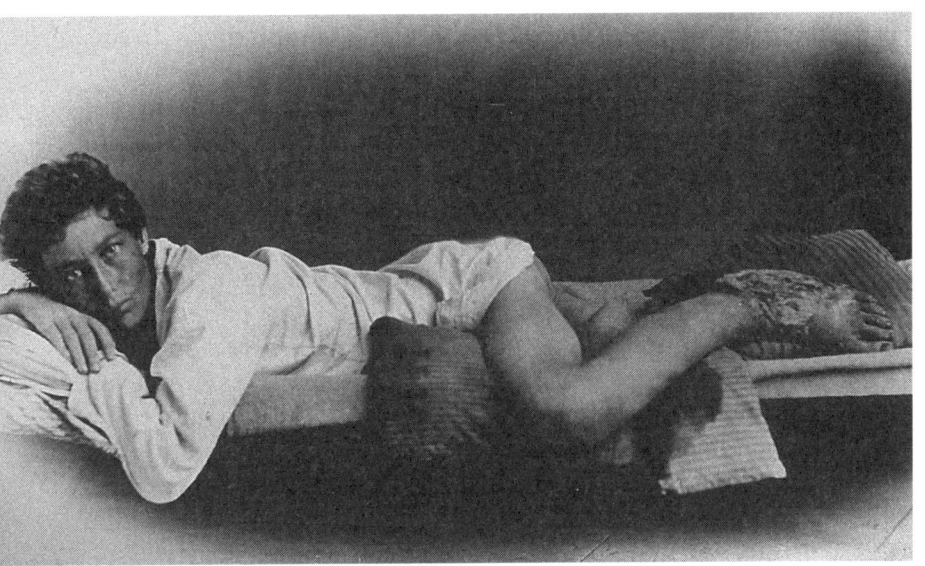

FIGURE 15. — Le soldat John Parmenter.
Hôpital général de Whashington, 1865.

La première anesthésie avait eu lieu le 16 octobre 1846 au *Massachusetts general Hospital* de Boston. Le médecin William Morton avait endormi là son premier opéré à l'aide de vapeurs sulfuriques d'éther. Une quinzaine d'années plus tard, la guerre de Sécession avait fourni de nouvelles opportunités aux recherches : l'éther anesthésiant fut, à l'époque, adopté par les médecins du monde entier. La mortalité durant les opérations restait cependant très élevée : près d'un patient sur deux y perdait la vie. Simultanément, la guerre donnait un nouvel élan à la photographie. Sous son emprise, le champ de bataille devenait brutalement le lieu de la mort et des cadavres en décomposition. L'héroïsme, lui, se déportait vers la salle d'opération ; par la photographie, l'hôpital devenait le lieu de l'exploit. On truque, on retouche les images. Le carrelage d'une salle d'opération est remis à neuf ; les rideaux, blanchis ; un collègue absent au moment fatidique, réinstallé au cœur de la scène. Une fillette à la fausse jambe coupée côtoie sa propre image munie, elle, de deux jambes bien solides. Reconstitution contre reconstitution : la surprise photographique et la surprise prothésique fonctionnent en synergie.

Les médecins prennent place au chevet des malades et ces doubles portraits — articulant celui du patient et celui du praticien — oscillent en permanence entre le document et la figure de promotion. Auguste Nélaton, chirurgien français de grande réputation, a posé ainsi avec une grande élégance au chevet de Garibaldi, tenant la main droite du malade dans ses propres mains. Le célèbre patient vient, lui, d'échapper à l'amputation : la jambe plâtrée, soutenue par une potence, est bien visible. L'image sert de preuve : Garibaldi, prisonnier dans la forteresse de Varigiano à La Spezia, a été bien traité par les armées italiennes qui n'ont pas hésité à faire appel à un chirurgien de renommée internationale. Frappé à la cuisse gauche, blessé à la cheville droite, Garibaldi guérira. « Tant que Napoléon III vivra, nous ne laisserons pas toucher un cheveu de la tête de Garibaldi ! » écrivait le *London Daily News* en 1862.

Là où les gravures du XVIᵉ siècle mettaient en scène les performances des nouveaux dispositifs de vision de la médecine, la photographie installe les performances techniques de la chirurgie. Preuve et vérité nue, elle se fait parfois l'outil magnifique de la propagande. Sur nos plaquettes commerciales contemporaines, les chirurgiens, désormais, posent à côté d'un ordinateur, les yeux rivés à l'écran ; le patient est hors cadre.

Chapitre XII

FIGURES DU GALOP

Eadweard Muybridge, 1872

Doutes dans l'image

Du cheval, on ne voit que la silhouette. L'animal galope devant un décor blanc soigneusement muni de repères numérotés. L'observation attentive conduit à percevoir l'étrangeté de cette succession d'images, l'apparentant plus à un travelling latéral obtenu à partir d'un appareil en mouvement qu'à un panoramique classique réalisé à l'aide d'un appareil fixe. L'ensemble, en effet, est obtenu à l'aide d'un dispositif original : une succession d'appareils photographiques régulièrement disposés sur le sol sont déclenchés un à un par le passage du cheval.

Malgré leurs apparente scientificité, ces images réalisées par le photographe anglo-américain Eadweard Muybridge dans les années 1870 ont eu grand mal à s'imposer.

Les affirmations soulignant leur exactitude et leur rôle de preuve n'ont pas suffi à faire reconnaître leur valeur exceptionnelle.

En 1872, Eadweard Muybridge réalise la première photographie d'un cheval au galop. Aux États-Unis, l'incrédulité se mêle à l'enthousiasme. En Europe, on reste sceptique. Le défi technique est considérable : le procédé au collodion humide que Muybridge manipule avec dextérité nécessite, lorsque le soleil est au rendez-vous, des temps de pose d'environ dix secondes. Obtenir d'un cheval au galop une image qui ne soit pas totalement floue relève de l'exploit. Les premiers essais sont d'ailleurs insatisfaisants, malgré l'extrême rapidité des obturateurs mis au point par Muybridge. Ce dernier affirme avoir obtenu dès cette époque des vitesses de 1/500e de seconde.

FIGURE 16. — Sally Gardner au galop (68,5 km/h).
Papier albuminé. 10,5 × 19,6 cm.
Photographie d'Eadweard Muybridge publiée dans La Nature
sous forme de gravure en 1878.

Le 19 octobre 1874, le *San Francisco Examiner* révèle un drame : Muybridge s'est rendu coupable d'un meurtre. Il a tué un homme nommé Larkins qu'il suppose être le père de son enfant. Le photographe est arrêté, jugé. Bénéficiant d'amitiés et d'appuis considérables, notamment de ceux de Lelan Stanford, gouverneur de Californie, avec lequel il avait entrepris les photographies de chevaux, il est relaxé. L'affaire, cependant, jette sur sa personne une terrible suspicion.

Reprenant ses travaux après quelques années d'interruption, Muybridge envoie le 2 août 1877 au journal *Alta
California* une photographie du cheval *Occident*. Alors que
le cheval trotte à la vitesse de trente-six pieds par seconde
à une distance de quarante pieds de l'appareil photographique, l'image est presque nette ! L'exploit vient de l'amélioration simultanée de la vitesse des obturateurs par un
système électrique et de la sensibilité du collodion. « La
durée de l'exposition — évaluée à 1/1 000ᵉ de seconde — a
été déterminée avec une relative précision grâce à l'image
un peu floue du fouet du conducteur : celui-ci n'a pas eu le
temps de parcourir une distance égale au diamètre de son
manche [1]. »

Il serait inexact de dire que la photographie d'Occident
fut accueillie partout avec le même enthousiasme.
L'épreuve, comme la plupart des photographies de Muybridge, a été retouchée. Le public, les envieux, les incrédules le savent. Muybridge, tiraillé entre la rigueur de
l'expérimentation scientifique et le souci de plaire par la
réalisation de « beaux » portraits de chevaux, n'a pu réprimer son désir d'opérer des retouches comme il a l'habitude
de le faire sur les photographies de paysages.

Au mois de septembre 1877, le *San Francisco Evening
Post* démontre que la photographie est truquée : « Les vêtements du conducteur ne font pas de plis, les pattes du cheval n'ont pas la bonne longueur. » Surtout, la réalisation
d'un instantané à une vitesse inférieure à un dixième de
seconde semble impossible. La mise au point du protocole
expérimental prend encore une année. Une série de vues
« montrant le pas du cheval dans toutes les positions » est
obtenue à l'aide d'une batterie de douze appareils photographiques placés en alignement le long de la piste parcourue

---

1. E. Muybridge, cité par Mac Donnel, *Eadweard Muybridge,
L'homme qui a inventé l'image animée*, traduction P. Vieilhomme, Paris,
Le Chêne, 1972. Voir également D. Robbel, *Eadweard Muybridge et la
culture de l'image en mouvement*, Actes du colloque Marey/Muybridge,
Palais des Congrès, Beaune, 19 mai 1995, p. 34-59.

par le cheval *Abe Edington*. Les obturateurs de chacun des appareils photographiques sont reliés à des « fils galvanisés » qui traversent perpendiculairement la piste. Les sabots du cheval ou les roues de la carriole qu'il traîne établissent des contacts au fur et à mesure du déplacement du cheval, en rompant les fils. Ainsi sont réalisées des séries de douze photographies prises à partir d'appareils de prise de vue régulièrement espacés.

Afin d'obtenir plus de netteté, Muybridge s'efforce de nouveau d'améliorer à la fois la vitesse de fermeture des obturateurs et la qualité des plaques sensibles ; il aurait alors obtenu des vitesses de prise de vue de l'ordre de 1/2 000e de seconde.

Preuve par l'image

Pour que les photographies de Muybridge se constituent enfin comme preuves, il faut que la jument *Sally Gardner*, affolée par les fils placés en travers de la piste, se mette à ruer en déchirant sa sangle. La comparaison entre les détails de la rupture du cuir enregistrés par les appareils photographiques et l'aspect réel de la sangle prouve l'honnêteté intellectuelle de Muybridge. Le journal *La Nature* du mois de décembre 1878 et son directeur Gaston Tissandier, passionné de photographie, diffusent rapidement la nouvelle à l'échelle internationale. Muybridge perfectionne les dispositifs photographiques. Le décor est transformé : afin d'accroître le contraste photographique si difficile à obtenir à haute vitesse, la piste est couverte de caoutchouc blanc. Un mécanisme d'horlogerie rend les fils inutiles ; les obturateurs sont déclenchés à tour de rôle au moyen d'un contact à frottement rotatif. Durant l'été 1879, le nombre des appareils passe de douze à vingt-quatre : les séquences photographiques gagnent en précision. Ainsi s'installe un parcours irréel du regard. Tout se passe comme si l'observateur suivait le cheval au galop, à la même vitesse que lui, promenant son œil selon une ligne parfaitement horizontale, parallèle à la piste. Les prises de vue se déclenchent à intervalles de temps si rapprochés que deux images successives sont, en réalité, en partie superposables.

En cette seconde moitié du XIXᵉ siècle, le cheval est plus qu'un moyen de transport ou un compagnon fidèle : il est un objet symbolique. En Europe, il occupe une place dont peuvent donner une idée nos automobiles contemporaines. En Amérique, il est l'instrument de la conquête, l'expression du dynamisme et de la puissance de ses propriétaires, celle de la domination d'une nature fougueuse et sauvage. Lelan Stanford, gouverneur de Californie, ancien responsable du *Central Pacific Railroad*, enrichi par la construction de la ligne de chemin de fer traversant les États-Unis d'Ouest en Est, dispose alors d'une brillante écurie de chevaux de courses. Il est pour Muybridge un « commanditaire-mécène » énergique. Les photographies de ses chevaux lancés à toute vitesse devaient être pour lui le témoignage d'un moment d'émotion : la puissance d'un cheval de course lancé au galop ne laisse pas indifférent. L'image photographique est en outre, pour Lelan Stanford convaincu de posséder les meilleurs chevaux du monde, un bel outil de promotion de ses luxueuses écuries. Se révélera-t-elle apte cependant à départager ceux qui affirment qu'un cheval quitte bien le sol de ses quatre sabots au cours d'un cycle de galop et ceux qui affirment le contraire ?

Eadweard Muybridge est, certes, le meilleur photographe de Californie, de surcroît protégé du gouverneur de la même province, mais il reste considéré comme meurtrier. On se souvient de lui comme expert dans la retouche photographique. Il n'hésitait pas alors à animer les ciels vides de ses images par une lune, un nuage. Malgré la mise en œuvre bien visible des dispositifs photographiques, la suspicion limite l'instauration d'une confiance dans les images. Malgré l'appui institutionnel de Lelan Stanford, les systèmes de légitimation sont fortement ébranlés. L'adhésion ne peut renaître que d'une comparaison entre certains éléments du réel à la fois imprévisibles mais vérifiables à l'œil (une sangle déchirée) et l'empreinte correspondante dans l'image (la même sangle, la même déchirure). Pour fonctionner comme preuve, l'image doit se présenter comme aptitude à recevoir l'imprévu ; s'imposer dans une dimension située hors du champ des intentions des auteurs.

Critiques et arguments

« En vérité, Michel Ange et Muybridge continuent dans mon esprit et il se peut que j'ai appris de Muybridge quelque chose sur les positions et de Michel Ange quelque chose sur l'ampleur, la grandeur de la forme. » Ainsi s'exprime Francis Bacon. Ses tableaux *Deux figures*[1] et *Triptyque — Études du corps humain*[2], empruntent nettement aux photographies séquentielles de lutteurs empruntées à Muybridge, même si les visages des personnages possèdent parfois les traits des familiers du peintre. Les photographies de l'analyse des mouvements humains et animaux marquent encore de leur influence les domaines artistiques contemporains.

Au XIXe siècle déjà, ils suscitaient l'émotion des peintres réalistes.

Le peintre Thomas Eakins est ainsi directement à l'origine de l'importante commande passée à Muybridge en 1883 par l'université de Pennsylvanie. Elle conduira à la réalisation d'un célèbre album de dix-neuf mille images présentant, à l'intention des artistes, un inventaire des mouvements animaux et humains.

En France, le physiologiste Étienne Jules Marey prend connaissance des travaux de Muybridge par l'intermédiaire du journal *La Nature* : ils le conduiront à utiliser lui-même

----

1. Réalisé en 1953.
2. Réalisé en 1979.

la chronophotographie pour l'étude de la locomotion animale.

Le 26 septembre 1881, à son domicile parisien, il réunit autour de Muybridge et de ses photographies plusieurs personnalités du monde des arts, des sciences et de la presse. Le 3 novembre 1881, puis le 26 novembre, les réunions ont lieu chez le peintre Meissonnier. Les photographies séquentielles de diverses espèces animales en mouvement, réanimées à l'aide de mécanismes en rotation, semblent d'une « prodigieuse vérité ». Muybridge souligne le caractère rigoureux et scientifique de ses recherches ; il argue de leur légitimité universitaire.

Le réalisme artistique ne recouvre pas, cependant, le réalisme scientifique. L'impression de mouvement ne naît pas spontanément d'une décomposition photographique scientifiquement scandée. Ernest Meissonnier accuse les appareils de prise de vue de voir faux. « Quand vous me donnerez un cheval galopant comme celui-ci », dit-il en faisant un croquis à l'intention des scientifiques, « je serai satisfait de votre invention. » Un tableau, dit Helmholtz, se doit d'être une image frappante plus qu'une image fidèle à la confusion : s'il constitue une sorte d'illusion d'optique, ce n'est pas à la manière dont les raisins peints par Appelle incitèrent autrefois les oiseaux à venir les picorer. Ce qui importe n'est pas l'adéquation parfaite entre l'image et son objet, mais le choc émotif qu'elle fait naître.

Pour le physiologiste photographe Georges Demenÿ, collaborateur d'Étienne Jules Marey, les images nouvelles, rigoureusement décomposées, de la chronophotographie sont « vraies », à n'en pas douter, mais pour les faire accepter par l'œil, il faut éduquer sa propre vue. Car les successions d'instantanés qui sélectionnent et figent ne rendent jamais compte de la présence d'un visage, de la finesse d'un mouvement. Ils ne transmettent pas le sentiment de la réalité, mais sa caricature. Comment figurer le mouvement ? Doit-on prendre en compte la réception sensible ou chercher la ressemblance avec le référent réel ?

Meissonnier décide d'en avoir le cœur net. Dans sa propriété de Passy, monté dans un chariot glissant sur des rails en pente, il observe la course parallèle d'un cheval monté par un collaborateur. Il hésite cependant : l'art relève-t-il du voir ou du savoir ? Faut-il suivre l'intuition de l'œil de l'artiste ou obéir aux résultats scientifiques ? Optant pour le moindre risque, prenant appui sur les travaux de laboratoire, il en vient à effectuer des repentirs sur le tableau *1807* : la position des pattes du cheval est rectifiée.

Dans son ouvrage *Le Mouvement* publié en 1894 Marey se montre prudent. Si ses propres travaux sont susceptibles d'intéresser les artistes, ce n'est pas à lui de parler d'esthétique, il n'est pas qualifié. Il ajoute cependant avec quelque malice, critiquant de manière voilée les erreurs des peintres qui prétendent saisir les athlètes en pleine course : « [...] il ne saurait être interdit de prendre pour arbitre la nature elle-même et de demander à la photographie instantanée de montrer les vraies attitudes d'un coureur. »

Malgré ces réticences, la photographie devient peu à peu une référence visuelle : il n'apparaît plus tolérable que les chevaux galopent en donnant à leurs pattes un mouvement tel que « toutes les jointures se trouvent pliées à angle droit[1] », que des hommes courent avec le buste obstinément incliné vers l'avant, que des bandes d'oiseaux volent toutes ailes relevées, « comme si l'on n'avait jamais remarqué qu'elles s'abaissent au moins dc temps à autre ». Les artistes académiques s'affirmant « soucieux d'exactitude » utilisent les analyses photographiques de Muybridge, celles de Marey. Les peintures militaires et les vastes déploiements de cavalerie au sein d'immenses plaines en sont les principaux bénéficiaires[2]. Les peintres Detaille, Neuville, Meissonnier, sacrifient ainsi leur propre système de valeurs à une vérité scientifique, installant leurs images dans un

---

1. P. Souriau, *L'Esthétique du mouvement*, Paris, Alcan, 1889.
2. M. Frizot, E. J. Marey, *La Photographie du mouvement*, Centre Georges Pompidou, Musée national d'art moderne, Paris, 1977.

nouveau système de légitimation. La chronophotographie fournit une légitimité scientifique inespérée à une copie conforme du monde, qu'elle contribue ainsi à ériger en valeur.

Le droit à l'inexactitude

Le débat n'est pas clos pour autant.

L'analyse photographique du mouvement, si exacte soit-elle, n'apparaît plus parfaite. En France, le caractère scientifique des chronophotographies d'Étienne Jules Marey, sa notoriété même, ne suffisent pas : que vaut l'exactitude scientifique si les séquences obtenues ne donnent pas la sensation du mouvement ? L'inquiétude émane des scientifiques eux-mêmes. Paul Richer, médecin à la Salpêtrière et professeur à l'École des beaux-arts, remarque que les figures qui paraissent le mieux exprimer l'idée de la course sont justement celles qui s'en éloignent le plus « du point de vue de la vérité vraie, du point de vue de la vérité scientifique ».

« Nous ne sommes pas d'avis que l'artiste doive copier littéralement les documents que lui a livrés la photographie instantanée comme certains l'ont fait au début de cette découverte » : Albert Londe, pourtant directeur de l'atelier photographique de l'hôpital de la Salpêtrière, introduit ainsi son ouvrage *Chronophotographies documentaires à usage des artistes*. « De ce que le document photographique, quel qu'il soit, est toujours vrai du point de vue scientifique, il n'en ressort pas qu'il soit toujours vrai du point de vue artistique. L'artiste ne doit produire que les attitudes qui présentent le mieux le mouvement considéré, sans s'arrêter à celles qui n'étant jamais perçues par notre œil seraient invraisemblables et choquantes. » Albert Londe opère un renversement du débat : la science ne doit pas commander à l'art, mais être à son service.

Ainsi s'installent — au sein même des milieux scientifiques et médicaux — des protestations contre la toute-puissance scientifique. En ce début de xxᵉ siècle, l'absence de réponse des savants à la question des origines de l'Homme, les effets ravageurs du développement industriel conduisent certains à conclure à la faillite de la science. Les artistes, en retour, revendiquent une forme de liberté, une sorte de « droit à l'inexactitude ».

Pour Rodin, la réalité du mouvement et la sensation du mouvement sont deux choses distinctes. Il n'est pas question de copier la photographie scientifique. C'est dans le déséquilibre même et les formes impossibles que réside la sensation du mouvement, non dans la saisie d'une réalité.

L'excès de photographie est présenté comme un danger. On fustige, dans les premières années du xxᵉ siècle ces artistes, qui, par une sorte de bravade, se plaisent à reproduire textuellement les résultats de la photographie. Les attitudes reproduites sont grotesques, mais, « si l'on se récrie, ils sont prêts à vous prouver, photographie en main que ces attitudes sont vraies[1] ». Ces images sont « disgracieuses et mensongères, puisqu'elles montrent les choses autrement que nous ne les voyons dans la nature [...]. Le premier travail du peintre est de faire un choix dans la vérité[2] ».

Ainsi, les résultats de la chronophotographie scientifiques sont loin d'être perçus par les artistes comme solution miracle à la question de la représentation du mouvement dont Étienne Jules Marey pensait pourtant détenir le secret. L'aspect caricatural des images resurgit au moment même où le réalisme artistique et la science positives perdent du terrain.

En Italie, le peintre Giacomo Balla s'inspire des chronophotographies scientifiques pour la réalisation de l'une de ses caricatures. Sur une gigantesque portée musicale, les corps d'une série de doubles-croches ascendantes sont

---

1. P. Souriau, *op. cit.*
2. *Ibid.*

occupés par le visage d'un prêtre qui s'époumone de note en note, du grave à l'aigu. Les travaux d'Étienne Jules Marey sont bien connus en Italie : le physiologiste qui partage sa vie entre son appartement parisien et sa villa de Naples n'hésite pas, à l'occasion, à publier dans des revues italiennes.

Le tableau *Dinamismo di un cane al guinzaglio* [1] de Giacomo Balla va plus loin cependant que la chronophotographie mareysienne sur plaque fixe. Loin de se limiter à l'analyse du mouvement, il s'attache à donner la sensation de vibrations. Le chien frétille. Sa maîtresse accélère le pas. Il y a du photographique dans les tons monochromes du tableau. La légèreté du sujet, quasi caricaturale, fait songer à certaines scènes « scientifiques » réalisées par Marey : le frétillement du chien en laisse possède quelque parenté avec la marche de sa poule tenue par une ficelle. Ou encore avec les vibrations de sa mouche battant des ailes. Mieux : le tableau de Balla possède les défauts techniques des chronophotographies sur plaque fixe : le personnage en mouvement s'évanouit brutalement sans sortir du cadre du tableau. Cette disparition, si elle était photographique, marquerait précisément l'instant où l'appareil de prise de vue cesserait de fonctionner. De tels « défauts » qui ne gênent guère les expériences de chronophotographie persistent dans la peinture de Balla dont l'intention, quant à elle, est bien de conférer l'illusion du mouvement.

D'autres tableaux de Balla suivent, directement inspirés de la chronophotographie scientifique : ainsi le célèbre *Bambina che corre sul balcone* [2], peint en 1912-1913 où l'analyse du mouvement se double d'une décomposition chromatique. À l'instar de Marey, Balla travaille sur le vol des oiseaux, la course de l'homme. *La mano del violonista* [3] peint en 1912 reprend inconsciemment un thème cher à Georges Demenÿ.

------

1. *Dynamisme d'un chien tenu en laisse.*
2. *Enfant courant sous un balcon.*
3. *La Main du violoniste.*

Marcel Duchamp remarque en janvier 1912 *Chien en laisse* exposé à Paris. Précisément à cette époque, il achève le *Nu descendant un escalier n° 2* qui couronne des recherches entreprises sur la démultiplication et la question du mouvement dans la peinture. Duchamp le dit lui-même plus tard : « Cette version définitive [...] fut la convergence dans mon esprit de divers intérêts, dont le cinéma, encore en enfance, et la séparation des positions statiques dans les chronophotographies de Marey en France, d'Eakins et Muybridge en Amérique[1]. »

En Italie, cependant, les critiques commencent à poindre : Balla ne crée pas une sensation dynamique, puisque, au contraire, il arrête le mouvement dix fois, vingt fois par seconde. Or, le mouvement est une continuité, non une succession de formes. L'esprit réfute cette idée de saisie d'un fragment de temps : pour lui le mouvement n'a ni début ni fin. L'approche de Balla serait jugée trop scientifique, alors même que le premier manifeste futuriste annonce : « Nos sensations ne peuvent être murmurées. Nous les faisons chanter et hurler dans nos toiles. » L'objet des travaux futuristes est bien de rendre l'artiste acteur de cette vie « exaspérée par la vitesse, dominée par la vapeur et l'électricité [...], tourbillonnante vie d'acier, d'orgueil, de fièvre » ; il n'est pas de créer une observation distanciée.

Dans un premier temps Balla est tenu à l'écart du mouvement futuriste. En 1910, le second manifeste futuriste mentionnant explicitement les travaux d'Étienne Jules Marey incite à s'emparer de ces analyses chronophotographiques, qui ouvrent la voie à de nouvelles traductions de la vitesse. À cette date, Balla adhère au mouvement.

Mais une critique des travaux de la photographie scientifique voit peu à peu le jour. Le peintre italien Umberto Boccioni a entendu ou lu Henri Bergson. Il en a tiré la conviction que le mouvement ne pouvait être fragmenté en

---

1. M. Duchamp, « A propos of myself », conférence donnée au City Art Museum de Saint-Louis, Missouri, 24 novembre 1964.

instants, qu'il possédait une unité profonde. Il en a acquis une certitude : celle de la force de l'intuition. L'idée de mouvement chez Boccioni s'oppose ainsi fondamentalement à l'objectivité et à l'aspect mécanique du mouvement chez Marey. Pour les frères Bragaglia, photographes, la chronophotographie scientifique est incapable de traduire la vivacité d'un geste, son irrégularité. Elle est loin finalement de cette réalité qu'elle prétend traduire ; elle ne rend pas compte de la vie.

Alors que Marey s'efforce de regarder le monde en observateur extérieur tout en faisant abstraction de ses propres sens, les photodynamiques des frères Bragaglia développent au contraire, dans leurs traînées lumineuses et leurs formes floues, une combinaison de qualités intrinsèques de l'objet photographié et de la sensation du mouvement. Pour Anton Giulio Bragaglia, la photographie n'est ni une fenêtre d'observation, ni un œil mécanique recevant le monde naturel : en complète opposition avec le réalisme, elle est, avant tout, la création d'un auteur, investie d'emblée d'une capacité à émouvoir.

Les critiques ouvertes des Bragaglia, comme les critiques voilées de Boccioni, s'inspirent très directement des reproches formulés par Bergson au « réalisme scientifique ». La durée y est sacrifiée à l'intérêt porté à l'instantané ; matière et perception ne peuvent plus, dès lors, coïncider. Le réalisme scientifique établit bien un cloisonnement entre la matière et la perception. La matière évolue de telle manière que l'on passe d'un moment au moment suivant par déduction mathématique. La perception nous livre de l'univers une série de tableaux pittoresques mais discontinus.

Pour Bergson et pour les photographes futuristes ce cloisonnement n'a pas lieu d'être. La substitution de la netteté de l'instantané par le flou photographique devrait abolir les contradictions entre l'objet et sa perception. La matérialité d'Étienne Jules Marey laisse place à la dématérialisation des corps. Les constructions positives cèdent le pas devant la sensation. La modernité futuriste nie l'histoire. En ces années 1910, les travaux d'Étienne Jules Marey semblent déjà appartenir à un autre monde. La chronophotographie est née à l'époque où le cheval constituait le principal moyen de locomotion. Les tableaux vibrants, les photographies floues des futuristes sont le fruit de l'extension de la voiture et des modifications profondes des villes qui en résultent. L'éphémère sensation d'un espace éclaté par la pénétration des corps circulant à vive allure, ou par les tourbillons sonores, les conduit à développer des attaques virulentes contre un académisme dont l'emprise en Italie est particulièrement forte. Le premier manifeste lancé par le poète Filippo Tommaso Marinetti le 20 février 1909 invite à l'hymne à la modernité et à la civilisation industrielle. Ce sera pour le meilleur et pour le pire : le rejet du vieux monde est aussi le mépris du passé. L'originalité novatrice érigée en norme, une exclusion. Le rejet de l'émotion, un danger.

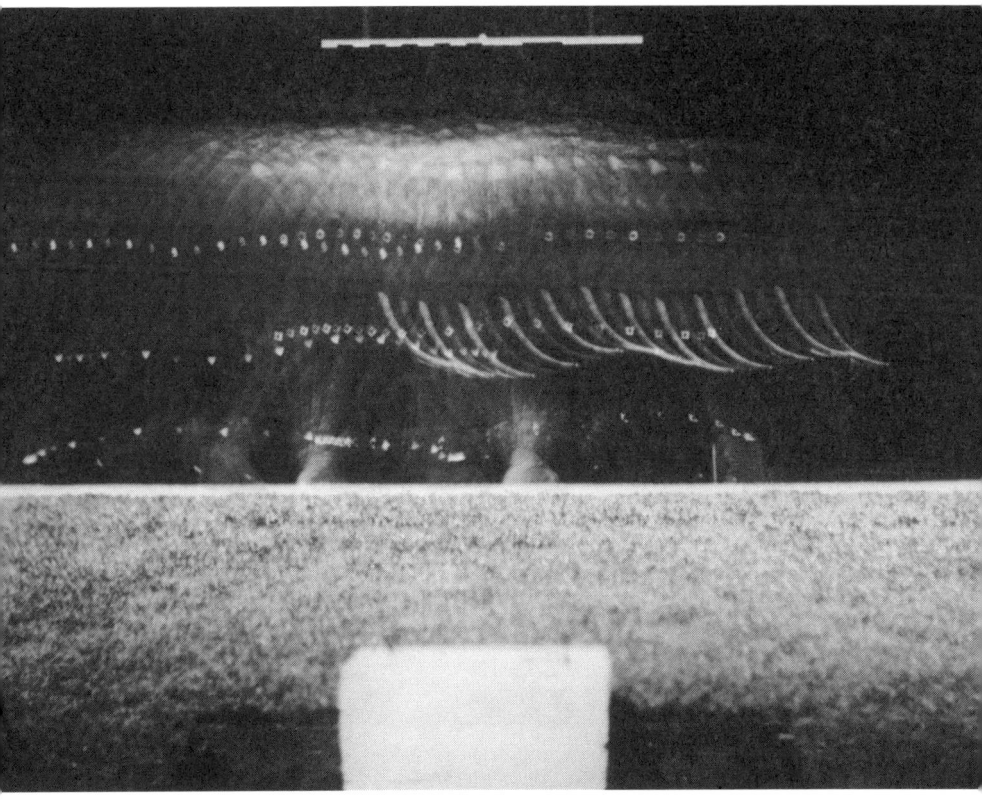

FIGURE 17. — L'éléphant.
Chronophotographie sur plaque fixe réalisée avec des repères géométriques blancs.
Étienne Jules Marey, 1886-1887.

Chapitre XIII

MODERNITÉS

Jules Janssen, 1874

L'éclipse

Pour les astronomes, l'année 1874 est une année exceptionnelle : au début du mois de décembre la planète Vénus se trouvera dans l'alignement de la Terre et du soleil. L'éclipse devrait être parfaitement visible en certains points du globe terrestre : le petit disque sombre de Vénus se détachera alors clairement pendant la durée de son « passage » sur l'énorme disque solaire.

Durant cette année 1874, six missions astronomiques françaises sont envoyées en divers points du globe afin d'observer le 9 décembre le passage de Vénus. Janssen qui dirige la mission du Japon emporte là-bas un nouvel outil de prise de vue : le fameux revolver photographique. L'instrument fait, avant le départ, l'objet de plusieurs communications à l'Académie des sciences et de commentaires dans les revues de vulgarisation. Pourtant, alors que les comptes rendus rédigés au retour des missions de Pékin, de Saint-Paul et des Malouines sont illustrés par des photographies réalisées lors de l'événement, celui de la mission « Janssen » ne comporte qu'une gravure réalisée à partir d'une photographie du revolver photographique. Et l'on n'aura guère de nouvelles non plus des photographies réalisées par les savants anglais utili-

sateurs — eux aussi — du revolver. Il ne subsisterait aujour-
d'hui que trois exemplaires des plaques obtenues avec
l'appareil de prise de vue de Janssen ; l'une à l'Observatoire
de Paris, deux autres à la Société française de photographie [1].
La première, seule, correspond à l'événement du 9 décembre
1874. Les deux autres seraient des « passages artificiels »,
simulations effectuées pour tester l'appareil. En réalité,
l'image, ici, apparaît comme un prétexte. Appareil original
d'une certaine taille, incarnant la modernité, le revolver est
seul susceptible de susciter des adhésions au projet.

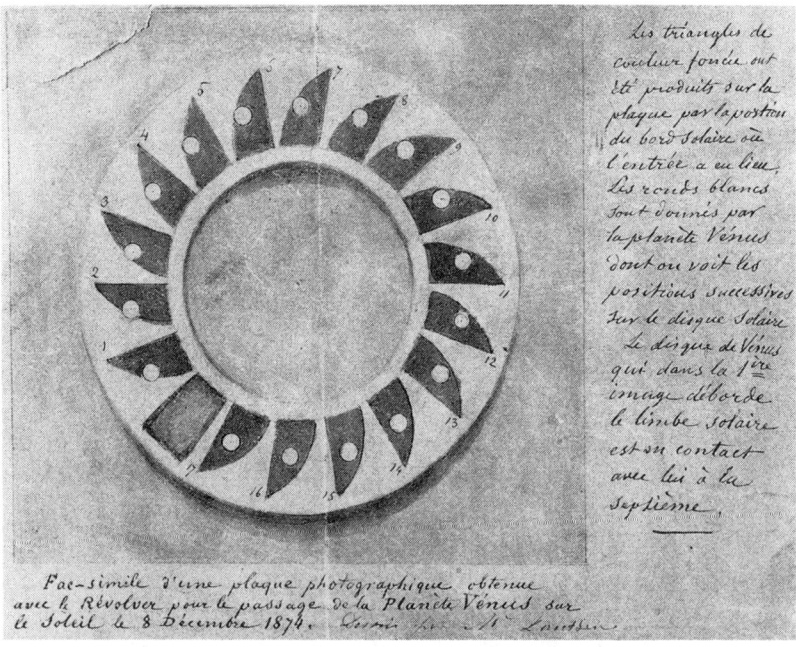

FIGURE 18. — Passage de Vénus devant le soleil.
*Fac-similé d'une plaque photographique obtenue avec le revolver pour le passage de
la planète Vénus sur le soleil, le 8 décembre 1874. — Jules Janssen.
Sur chaque image de la plaque daguerréotype en forme de couronne
— ici redessinée —, le petit disque de Vénus figuré en blanc se superpose
au disque solaire figuré en noir.*

---

1. D. Bernard, A. Gunthert, *Albert Londe, l'instant rêvé*, Nîmes,
Jacqueline Chambon, 1994.

Laissons parler Jules Janssen lui-même : « La combinaison du mouvement de la Terre et du mouvement de la planète Vénus sur leurs orbites respectives fait que Vénus ne peut passer devant le soleil qu'aux intervalles singuliers de cent treize ans et demi plus ou moins huit ans. Ainsi, il y a eu un passage au mois de décembre 1631 ; le suivant a eu lieu huit ans plus tard, en décembre 1639. Celui qui vient ensuite a eu lieu au mois de juin 1761, c'est-à-dire cent treize ans et demi *plus* huit ans, soit cent vingt et un ans après le dernier. Maintenant pour obtenir la date du nouveau passage, il a fallu ajouter à la date précédente cent treize ans et demi *moins* huit ans ou cent cinq ans et demi, ce qui a donné décembre 1874. »

Les scientifiques ont conservé la mémoire de la catastrophique expédition de l'astronome Legentil, parti aux Célèbes afin d'observer l'éclipse de 1761. Victime d'une terrible tempête, il n'avait pu parvenir à temps. Il avait attendu huit années le passage suivant sans pouvoir observer l'éclipse de 1769 ; le ciel était trop chargé de nuages...

Depuis 1870 cependant, tirant la leçon du désastre de la défaite, la science française se réorganise. Les institutions tels l'Observatoire de Paris, le Muséum d'histoire naturelle soutiennent les projets, génèrent les espoirs. Dès 1872, la France se prépare à l'événement : cette année-là voit la création d'une « grande Commission académique du passage de Vénus présidée par Monsieur Dumas ». Il est décidé d'envoyer en 1874 trois missions dans l'hémisphère Nord et trois missions dans l'hémisphère Sud.

Cinquante personnes seront mises en mouvement pour de périlleux voyages dont l'aller seul devrait durer plusieurs mois et dont le résultat n'est pas garanti. Jules Janssen prend la tête de l'expédition de Yokohama, qui se transforme sur place, à la suite d'un terrible cyclone, en « expédition de Nagasaki ». Les voyages dureront des mois : les différentes missions seront absentes de France durant près d'une année.

Lorsque Janssen arrive au Japon à la tête d'une équipe

d'une dizaine de personnes, ses deux cent cinquante caisses et colis sont pris en charge par cinq cents porteurs. Une centaine de terrassiers et charpentiers construisent un village de bois. Les plaques daguerréotypes sont polies dans la nuit précédant l'éclipse. Le jour même il faut ruser avec la météorologie, profiter des éclaircies providentielles pour réaliser observations et photographies. Par chance, dira Jules Janssen : « La Providence avait fait, au milieu de cette fâcheuse période, une courte trêve en notre faveur. » Le lendemain, la pluie reprenait sans discontinuer.

Enjeux internationaux

Les enjeux internationaux de l'expédition sont importants. La France n'est pas seule dans l'aventure. Le passage de Vénus mobilise des expéditions hollandaises, anglaises, américaines... « Toutes les nations civilisées rivalisent de luxe et de générosité du moins apparente pour se préparer [1]. » La qualité des résultats obtenus signera l'état de développement des pays concernés. Or, la France a un retard à rattraper : en ce début des années 1870, elle doit faire oublier le désastre de Sedan : « Les nations étrangères étaient loin d'imaginer que la France, abattue et ruinée, pût [...] se placer comme autrefois au premier rang ; mais voilà que l'Assemblée nationale vient d'octroyer les fonds nécessaires ; elle n'a reculé devant aucun sacrifice pour aider l'Académie à soutenir l'honneur scientifique du pays. Grâce à sa générosité éclairée, les astronomes français figureront dignement, comme leurs devanciers, dans ce concours que le ciel ouvre chaque siècle à toutes les nations où la science est en honneur [2]. »

Un espoir immense est placé dans la photographie.

---

1. C. Flammarion, « Le prochain passage de Vénus et la mesure des distances inaccessibles », *La Nature*, 21 novembre 1874.
2. H. Faye, comptes rendus de l'Académie des sciences, séance du 25 novembre 1872.

D'une part, les astronomes sont certains que parmi les diverses méthodes préconisées, elle seule offrira la précision requise. D'autre part, mais sans oser vraiment l'affirmer, on attend d'elle une révélation, quelque chose qu'elle offrirait comme une surprise.

Le passage de Vénus n'est pas le seul événement scientifique susceptible de redresser l'honneur de la France. L'adoption internationale du système métrique, fondé sur l'usage du mètre étalon français adopté en 1795 par la Convention, est attendue avec impatience. La règle de platine conservée dans les armoires des Archives nationales devrait devenir référence universelle tant pour la mesure des grandes distances que pour celle des petits objets. En 1872, Thiers avait organisé à cette fin une réunion internationale regroupant les représentants de plus d'une vingtaine de pays.

En réalité, au début des années 1870, les Anglais devancent largement les Français en matière de photographie astronomique. Warren de la Rue, Rutherford, ont obtenu de « merveilleuses » photographies de la lune. Rutherford, notamment, a réalisé des épreuves de cinquante centimètres de diamètre où l'on peut reconnaître à la loupe les détails que ne montreraient pas de bonnes lunettes.

Les scientifiques américains attachent également une grande importance aux réalisations photographiques. Leurs huit équipes qui se dirigent en 1874 vers Hobart Town, les îles Kerguelen, la Nouvelle-Zélande, Crozet, Chatam, Nagasaki, Vladivostok et la côte pacifique, emportent chacune un grand télescope conçu spécialement pour les observations photographiques. La distance focale de l'appareil a été calculée de manière à obtenir une image du globe solaire d'un diamètre exceptionnel de quatre pouces. En France, le passage de Vénus confère de nouvelles lettres de noblesse à la photographie : pour la première fois, elle est officiellement convoquée au titre d'instrument d'observation susceptible de remédier aux défauts de la vision humaine.

Les astronomes Janssen et Brackmuski ont à cœur de relever ces défis. Ils construisent un premier appareil fournissant des épreuves photographiques de onze à douze centimètres de diamètre. En ne photographiant qu'une portion du globe solaire, ils pensent même parvenir à un diamètre de vingt centimètres. Ainsi s'ouvre pour Jules Janssen l'espoir d'obtenir une image de cette *chair* du soleil, ce moutonnage spécial, ces grains de riz qui en affublent la surface.

Enjeux scientifiques

Ce qui est recherché avec la photographie n'est pas seulement la mémoire d'une éclipse exceptionnelle. Sa fonction ne se limite pas non plus à laisser la trace d'un « j'étais présent *là, ce jour-là* ». L'observation attentive de l'éclipse a pour objet l'évaluation précise de la distance entre la Terre et le soleil. Cette mesure fondamentale sert, en effet, de base au calcul de nombreuses distances célestes.

Une estimation de cette longueur a été obtenue lors des deux précédents passages de Vénus en 1761 et 1769, en substituant — selon une méthode préconisée en 1716 par Halley — la mesure des temps aux visées angulaires moins précises. En 1874, l'incertitude qui pèse sur la distance Terre-soleil est de cinq cent mille kilomètres. Elle devrait être réduite à cinq mille kilomètres. « Bientôt, on comparera les chiffres obtenus par tous les observateurs ainsi disséminés sur les deux hémisphères et on conclura la vérification de la distance du soleil : nous saurons si cette importante distance est de 148 millions de kilomètres ou bien de 149 ou de 147 [...]. C'est à la photographie seule qu'on devra [...] cette précision [1]. »

---

1. C. Flammarion, *op. cit.*

À supposer que les mesures du temps soient suffisamment précises, deux d'entre elles suffiraient à un observateur pour déterminer avec précision la distance de la Terre au soleil : celles des instants précis de deux des contacts apparents de Vénus avec le globe solaire.

Connaissant ainsi, par la photographie, la distance apparente du centre de Vénus au centre du disque solaire, et en tenant compte des équations connues décrivant la trajectoire de Vénus, il sera possible d'établir la mesure fondamentale à partir de laquelle s'organise l'architecture générale de l'univers. Il ne s'agit pas d'une simple distance, mais comme le dit Janssen, du « [...] calcul de la plus gigantesque base de mesure qu'il aura été donné à l'homme de découvrir et de connaître ».

Le revolver photographique de Jules Janssen est destiné à obtenir une série successive de photographies parfaitement datées. Ainsi l'heure des contacts entre les deux disques sera déterminée avec exactitude. Le revolver est muni d'une plaque sensible daguerrienne en cuivre argenté qui effectue un tour complet en 72 secondes. Un engrenage à croix de Malte conditionne des poses régulières. Devant cette plaque, un disque obturateur muni de douze ouvertures régulièrement espacées effectue un tour complet en 18 secondes : tournant quatre fois plus vite que la plaque sensible, il ouvre et ferme l'accès à la lumière en se plaçant, durant les instants d'arrêt, au foyer de la lunette qui sert de chambre noire.

On obtient sur une même plaque photographique une série de 48 images réalisées toutes les secondes et demie.

La manœuvre oblige à préparer les plaques sensibles à l'avance. Pendant que l'une d'elle est placée dans le revolver, l'observateur scrute à la lunette parallactique la progression de Vénus. Il est seul juge du moment où il libère le mécanisme d'horlogerie. Dès lors, les prises de vue se réalisent automatiquement à intervalles parfaitement réguliers. Chacune d'elles donne lieu à un repérage automatique de l'heure.

Certes, l'usage du daguerréotype constitue une sorte de luxe ou même de préciosité à l'époque où les procédés au collodion humide sont largement répandus. Mais ces derniers sont imprécis. Surtout, ils restent trop tributaires des gestes et des savoir-faire des photographes.

Il ne s'agit pas de rendre compte du *mouvement* mais de *l'instant*. Jules Janssen cherche à immobiliser un monde où tout bouge, y compris la Terre sur laquelle se trouve l'observateur. Des 48 images réalisées sur une même plaque en 72 secondes, une seule (celle du contact) est utilisable : il y a dégénérescence de la série photographique. L'idée avait été émise par l'amiral Pâris dès 1872 que l'on pourrait obtenir une « inscription photographique du temps [1] » dans l'observation du passage de Vénus.

Enjeux cosmiques

Les photographies réalisées ne sont pas seulement une « aide à la mesure » ou la mise en mémoire d'un phénomène. Elles permettent de découvrir l'inattendu, de voir mieux que l'œil, d'agrandir le champ du visible. L'inattendu est espéré. Il *doit* survenir.

Arago pressentait déjà en 1839 l'intérêt que pourrait représenter la photographie pour l'astronomie. Il insistait alors afin que les applications scientifiques ne soient pas enfermées dans un cadre défini par avance. « Au reste, ajoutait-il, quand des observateurs appliquent un nouvel instrument à l'étude de la nature, ce qu'ils en ont espéré est toujours peu de choses relativement à la succession de découvertes dont l'instrument devient l'origine. En ce sens, c'est sur *l'imprévu* qu'on doit particulièrement compter [2]. »

---

1. Amiral Pâris, *Projet d'inscription photographique du temps dans l'observation du passage de Vénus*, 3 décembre 1872, recueil de mémoires, rapports de documents relatifs à l'observation du passage de Vénus sur le Soleil, Paris, Firmin-Didot, 1876.
2. F. Arago, *Le Daguerréotype*, comptes rendus de l'Académie des sciences, séance du 19 août 1839.

Le revolver photographique de Janssen permet à Camille Flammarion de conclure à la valeur prophétique de ces paroles d'Arago : « [...] nous avions dit qu'en cherchant à constater les moments critiques du passage on trouverait autre chose. Cette chose imprévue qu'on a remarquée, c'est *l'atmosphère de Vénus* [...]. »

Si les expéditions scientifiques organisées en 1874 n'ont pas été menées avec l'intention première de détecter une atmosphère sur Vénus, il n'y a pas de doute que l'idée était présente avec force dans les esprits.

Durant la préparation des missions du passage de Vénus, Charles Cros avait pris la parole à l'Académie des sciences : « Il est possible que Vénus soit habitée : il est possible qu'il y ait des astronomes parmi ses habitants, il est possible que ces astronomes jugent que le passage de leur planète sur le disque solaire peut attirer notre curiosité. Il est possible enfin qu'ils essayent, à partir du moment où ils savent que beaucoup de télescopes sont braqués sur leur planète, de nous envoyer des signaux[1]. » Et même encore : « Ils peuvent être mieux préparés à saisir nos tentatives de correspondance, d'autant plus que parmi eux, un autre Charles Cros a pu faire une proposition relative à la Terre, mais toute analogue à celle que l'Académie reçoit au sujet de Vénus. »

Il ne s'agit pas d'un rêve individuel et éphémère. Plus tard, Louis Figuier[2] s'écriera encore : « Il est à craindre que l'on n'arrive jamais à expliquer les canaux de Mars en éliminant de parti pris la possibilité d'une rectification industrielle des cours d'eau, pas plus que les astronomes de Vénus n'arriveraient à expliquer nos réseaux de chemin de fer en s'obstinant à ne vouloir admettre à la surface de la Terre autre chose que les forces de la nature. »

En 1874, l'idée est bien présente chez Janssen qu'il

---

1. C. Cros, *Communication avec les habitants de Vénus,* comptes rendus de l'Académie des sciences, séance du 22 septembre 1873.
2. L. Figuier, *L'Année scientifique et industrielle, trente-sixième année (1892),* Paris, Hachette, 1893.

puisse y avoir une vie sur Vénus, mais en scientifique rigoureux, il n'ose en parler sans avoir de preuve tangible.

Il prendra la parole plus tard, alors que la science s'arrache au positivisme d'Auguste Comte et que son adhésion à l'épreuve des faits se relâche[1] : « [...] si la vie n'a encore été constatée directement à la surface d'aucune planète, les raisons les plus décisives nous conduisent à admettre son existence pour plusieurs d'entre elles. Disons donc que, si le problème n'est pas résolu directement par les yeux, il l'est par un ensemble de faits, d'analogies et de déductions rigoureuses qui ne laissent place à aucun doute. C'est le fruit mûr et parfait de la science, c'est la vue de l'intelligence, aussi certaine et d'un ordre plus élevé et plus noble que celle des sens. »

Il peut sembler curieux de nos jours que cette question de l'habitabilité de Vénus ait trouvé un tel écho dans des revues scientifiques de haut niveau, qu'elle ait fait l'objet de communications à l'Académie des sciences. Or, ce sont précisément les époques où la science est la plus forte qui voient resurgir la projection de l'esprit — et ici de l'esprit rationnel — dans l'espace astronomique. Les régions célestes jusque-là occupées par les divinités se remplissent d'intellect à des moments charnières de l'histoire de la pensée. Il en est ainsi à la fin du XVIIe siècle, au début du XVIIIe ou durant le XIXe siècle alors que la science positive occupe le devant de la scène. Tout se passe comme si la pensée n'admettait pas de vide pour la pensée. L'intelligence extraterrestre occupe un espace laissé libre par les révolutions scientifiques.

Ce qui s'observe au XIXe siècle conforte les hypothèses formulées par Steven J. Dick : « [...] l'affirmation d'une intelligence extraterrestre peut être considérée comme le complément métaphysique de la révolution scientifique,

---

1. Anonyme, *Janssen, de l'Institut*, extrait de la Collection encyclopédique des notabilités du XIXe siècle ou nouveau dictionnaire des contemporains, Paris, s.d.

l'acte final qui, au lendemain des plus grands triomphes de l'homme dans la compréhension de la Nature, lui dénia à l'échelle universelle l'unicité de la dernière qualité qui lui restait : l'esprit[1]. » L'Homme ne serait donc pas unique ; les blessure narcissiques imposées par l'éventuelle existence d'une vie extraterrestre ne font que s'ajouter à celles infligées en 1859 par Darwin et *L'origine des espèces*.

Pour Janssen, il y a une unité des conditions auxquelles sont soumises les planètes. Il est donc logique d'estimer que, comme la Terre, les planètes soient chacune productrices d'une vie intelligente qui régnerait à leur surface. Cette conception est cependant nuancée : quoique d'origine commune, les planètes sont bien d'âges différents. Toutes n'en seraient donc pas encore au stade de l'évolution géologique qui conditionne l'apparition et le développement de la vie à leur surface...

La découverte d'une atmosphère sur Vénus, la « planète sœur », interroge ainsi la question de nos origines. Les enjeux du revolver de Jules Janssen, bien au-delà de la réalisation d'une série photographique chronologique, sont ainsi à la fois scientifiques, internationaux mais aussi métaphysiques. Le revolver laisse espérer un repérage enfin précis de la planète Terre au sein du système solaire et une réponse à l'inquiétante question : « Sommes-nous seuls dans l'univers ? »

Ainsi se mêlent inextricablement les enjeux officieux et les enjeux officiels de ces photographies successives. Officiellement, il s'agit bien de mesurer la distance de la Terre au soleil. Officieusement, se trament en filigrane les enjeux d'une compétition internationale, ceux d'une quête des origines et de ses mécanismes fictionnels.

Lorsque Janssen revient de sa « grande » mission en Extrême-Orient, la décision est prise de créer un observatoire à Meudon. Là seront mis en place de grands laboratoires pour l'étude des gaz et vapeurs de notre atmosphère

---

1. S. J. Dick, *La Pluralité des mondes*, Arles, Actes Sud, 1989.

et de celle des planètes. Mais la principale nouveauté scientifique réside dans la création à Meudon d'un laboratoire de photographie solaire.

À la fin du XIXᵉ siècle, l'Observatoire de Meudon sera en possession de « 4 000 clichés de grandes photographies solaires d'une perfection qui n'a été atteinte nulle part ailleurs ». Ces travaux relanceront par entraînement les photographies stellaire et lunaire de l'Observatoire de Paris.

Le mythe du revolver

« La photographie, comme le dit Janssen, est la véritable rétine du savant. » Elle pallie les insuffisances des organes des sens incapables, eux, d'observer avec objectivité. Ce que crée l'astronome avec son revolver photographique, c'est bien une sorte de gros œil mécanique, qui fonctionne seul une fois que le bouton de mise en marche est tourné. Beaucoup plus que les photographies elles-mêmes, à peine lisibles et guère spectaculaires, ces prises de vue automatiques en cascade programmée n'ont pas manqué de frapper les contemporains. Le revolver de Jules Janssen a quelque chose à voir avec un automate de la vision.

Outil de mesure, la photographie permet la quantification. Outil de vision, elle porte au visible ce qui est invisible à la fois à l'œil nu, à la lunette ou au télescope. À ces deux fonctions principales, se mêlent les champs politiques, les enjeux stratégiques, les motifs individuels et ce qui relève d'un plus intime « plaisir de l'image ».

Si les daguerréotypes de Jules Janssen n'ont rapporté que peu d'images de la planète Vénus, du moins ont-ils contribué à jeter les bases d'un nouveau regard, presque d'une nouvelle écriture : celle qui rendrait compte d'un univers mouvant, découpé en tranches de 72 secondes, celle qui, décomposant les phénomènes, ne les percevrait que par intermittence, comme par effet stroboscopique, dans leur ordonnancement chronologique.

L'observateur incarné par Janssen est héritier d'une après-guerre. Créant des outils nouveaux, rapportant des images et des questions neuves, il est l'un des grands espoirs scientifiques du pays. Il est aussi homme de terrain, homme du réel, héritier des grands voyageurs naturalistes du XVIIIe siècle qui n'hésitaient pas à s'engager « au nom de la science » pour des voyages incertains et sans fin.

Riche d'un passé aventurier, l'astronome-voyageur Janssen est cependant, en ce dernier tiers du siècle, astronome avant d'être voyageur, encore savant mais déjà scientifique, indépendant mais responsable d'un observatoire, rationnel mais obéissant à ses impulsions.

Loin des anciens voyageurs-astronomes, il est porteur de modernité. Et la photographie joue un rôle non négligeable dans cette image qu'il aime à donner de lui.

En 1856, Janssen effectue son premier grand « voyage d'agrément » à « Constantinople, en Asie mineure et en Égypte ». L'année suivante, il parcourt l'Amérique du Nord et l'Amérique du sud afin de déterminer la position de l'Équateur magnétique. Ses biographies relatent qu'il manque alors de mourir des fièvres. En 1862, 1863, il est en Italie. En 1867, à Santorin, il observe une éruption. L'année suivante, il est en Inde. Plus tard, dans les années 1883, aux îles Carolines dans l'océan Pacifique. Au retour, il s'arrête aux îles Sandwich et passe seul toute une nuit sur le rebord d'un cratère en éruption afin d'établir une éventuelle analogie avec les phénomènes de la surface photosphérique solaire.

Cela n'est rien encore : le 2 décembre 1870, à 6 heures du matin, il quitte en ballon Paris assiégé, passe par-dessus l'armée prussienne et vient atterrir près de l'embouchure de la Loire. L'objet d'un tel voyage ? L'observation d'une éclipse en Algérie. L'opération est réussie, la notoriété de Janssen s'accroît.

En 1874, au moment où il part pour le Japon, Jules

Janssen a déjà acquis une solide réputation. Plus tard encore, il aura l'idée — qu'il mènera à bien — de construire un observatoire astronomique de bois au sommet du Mont Blanc...

Incontestablement, l'observateur de 1874 a des certitudes d'où il tire une énergie considérable. Il croit dans la supériorité de la science occidentale, dans celle du rationalisme sur toute autre forme de pensée. En ces années 1870, il adhère encore totalement aux faits d'observation, et n'ose pas affirmer en milieu scientifique ce qui relève chez lui du champ de l'imaginaire et de celui des représentations. Il faut attendre pour que le paradoxal lyrisme de son scientisme s'affiche au grand jour. Il affirmera ainsi plus tard sa foi en une science garante de rectitude morale : « La soumission des forces matérielles et le règne de l'Homme sur la nature ne sont que les premiers fruits de la Science. Elle lui en prépare d'autres, plus élevés et plus précieux. par la beauté des études auxquelles elle le convie, par la grandeur des horizons qu'elle lui ouvre, par la grandeur du spectacle qu'elle lui donne des lois et des harmonies de l'Univers, elle l'arrachera à ses préoccupations actuelles, peut-être trop exclusivement positives, et lui rendra, sous une forme nouvelle et d'une incomparable grandeur, ce culte enfin de l'idéal qui est un des plus impérieux besoins de l'âme humaine et qu'elle n'a jamais délaissé sans danger et sans péril [1]. »

Comme une imagerie populaire largement diffusée par les journaux de vulgarisation scientifique au détriment de l'image photographique elle-même, le revolver, érigé en mythe, accomplit un acte de solidarité historique. Déjà porteur de fictions, il sera plus tard considéré comme l'ancêtre du cinématographe, contribuant alors à enraciner les frères Lumière dans des origines astronomiques.

_____

1. J. Janssen, *Les Époques dans l'histoire astronomique des planètes*, Institut de France, séance publique annuelle des cinq académies du samedi 24 octobre 1896, Paris, Typographie de Firmin-Didot et Cie.

Chapitre XIV

L'EMPREINTE

Secondo Pia, 1898

Dans le dernier tiers du XIXᵉ siècle, le statut scientifique de la photographie se renforce. L'affaire du saint suaire est révélatrice de l'installation d'un paradigme photographique : sous l'effet de la nouvelle image, le regard porté sur la pièce de toile se déplace. Les mécanismes de la preuve sont bouleversés.

Enjeux

Dès son apparition en l'an 1357 dans le petit village de Lirey en Champagne, près de Troyes, le saint suaire avait gêné les autorités ecclésiastiques. Deux évêques successifs avaient interdit avec vigueur les ostensions de la toile de lin susceptible d'avoir enveloppé le corps du Christ à sa descente de croix. Par une lettre envoyée au pape l'un d'eux avait suscité la promulgation d'une bulle : « Le suaire n'était qu'une copie, une simple reproduction du linceul du Christ et non le linceul lui-même. » Puis, l'étoffe avait quitté Lirey pour la Savoie. Elle avait connu des propriétaires puissants. « Elle était devenue ou redevenue authentique [1]. » L'intérêt s'était peu à peu affaibli.

---

1. P. Vignon, *Le Linceul du Christ. Étude scientifique*, Paris, 1902.

Tout devait changer en 1898 avec les premières photographies de l'empreinte supposée du corps du Christ. En se substituant à la toile elle-même, l'image photographique offre enfin la possibilité d'une analyse attentive. Surtout, elle provoque une surprise considérable en révélant des faits inattendus. En inversant les zones sombres et les zones claires, les négatifs font apparaître de manière flagrante le dessin d'un visage. Indéniable impression de réalité : les yeux cernés d'un cercle blanc du positif retrouvent sur le négatif un aspect normal. Et, comme sur un véritable visage, l'ombre du nez, dégradée sur les bords, s'éclaircit en son centre. Les taches, les empreintes vagues de la toile de lin, laissent place à un « homme véritable » dont la tête émerge d'une semi-obscurité. Le négatif photographique semble mimer une réalité ; en contrepartie, l'étoffe elle-même apparaît comme le négatif d'un corps humain.

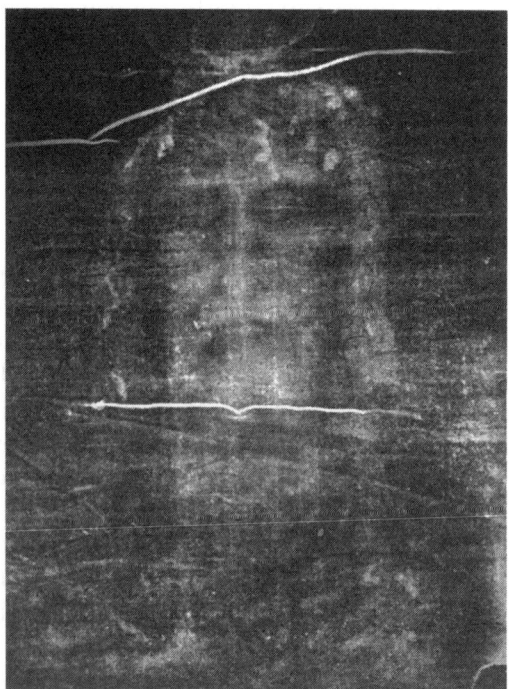

FIGURE 19. — Saint suaire, détail.
Négatif photographique.
Secondo Pia, 1898.

Objet technique, objet fétiche : le négatif photographique, pourtant fabriqué de main d'homme, est reçu comme si — achiropoiète — il parlait au nom du Christ lui-même. Fonctionnant en outre comme un nouveau paradigme, la photographie autorise d'une manière plus générale les savants à prendre en compte, comme faits scientifiques, les empreintes réalisées à distance. Pour nous, l'affaire est révélatrice du bouleversement du statut de la preuve induit par le grand développement de la pratique photographique à la fin du XIXᵉ siècle.

En 1370, les premiers conflits avaient opposé le doyen de Lirey aux autorités ecclésiastiques supérieures résidant à Troyes. Par l'exposition de la toile, le premier attirait dans le village une foule nombreuse de pèlerins ; les secondes souhaitaient exercer un contrôle sur ce pouvoir émergeant.

Henri de Poitiers, évêque du diocèse de Troyes, interdit les pèlerinages et les ostensions de la relique qui rendent trop célèbres le village de Lirey et son doyen. Il argue là de doutes sur l'authenticité du suaire. L'étoffe quitte alors le trésor de l'église. Durant trente-quatre ans, nul n'en entend plus parler : la Champagne, décimée par les guerres et la peste, a d'autres préoccupations.

En 1389, l'étoffe est à nouveau exposée. Le nouvel évêque de Troyes, Pierre d'Arcis, renouvelle les interdictions. Débutent alors les conflits et les procès mettant aux prises le pape Clément VII d'Avignon, les chanoines de Lirey et l'évêque de Troyes. Celui-ci ordonne de ne parler ni du linceul, ni de son image, ni en bien, ni en mal. S'entourant d'une commission de théologiens, il rédige un mémoire qu'il envoie au pape Clément VII vers la fin de l'année 1389 : il y accuse le doyen de Lirey d'avoir fait fabriquer le suaire, d'avoir mis en scène des guérisons, d'avoir suscité l'idolâtrie par ostension d'une fausse relique.

En réalité, les chanoines de Lirey n'affirment pas l'authenticité de la relique, mais la laissent entendre. Le pape parle, lui, d'une « copie ou représentation du suaire de Notre Seigneur ». En 1389, le roi Charles VI fait suspendre l'ostension. Le 6 janvier 1390, le pape Clément VII impose à Pierre d'Arcis, évêque de Troyes, *perpetuum silentium*. Il autorise les chanoines à exposer l'étoffe, sous réserve qu'elle soit présentée comme étant une copie, non un original, et que soient respectées un certain nombre de conditions : les ecclésiastiques ne pourront en aucun cas porter des vêtement ou des ornements liturgiques pendant la durée de l'ostension. Ils ne pourront allumer ni torches, ni cierges, ni chandelles, ni utiliser aucune sorte de luminaire. Enfin, au moment de la plus forte affluence, le peuple devra être averti par une voix forte et intelligible que la figure exposée n'est pas le vrai suaire du Christ, qu'elle n'en est qu'un tableau[1]. Le saint suaire prend officiellement statut d'objet fabriqué.

La preuve par la photographie

Le 1er mai 1898 s'ouvre à Turin une exposition d'art sacré : le roi Humbert autorise la présentation de l'étoffe. L'événement est exceptionnel : depuis trente ans, nul n'a eu l'occasion de voir l'étoffe, conservée dans un coffret métallique muni de serrures sophistiquées. Pour la première fois, l'étoffe est photographiée.

L'image photographique, « automatique », dénuée de subjectivité, a valeur de preuve : « L'argument photographique n'est autre chose que la constatation d'un fait[2]. » Sans crainte des contradictions, les organisateurs de l'exposition de Turin valorisent l'auteur des images : Secondo Pia est « très apprécié en Italie » pour ses remarquables travaux. Sa loyauté scientifique égale sa compétence. L'avalanche d'arguments reste insuffisante cependant pour faire admettre l'authenticité du suaire. Les négatifs photographiques sont confiés pour étude à des hommes de science

1. P. Vignon, *op. cit.*
2. *Ibid.*

de la Sorbonne « dont le rôle n'est pas de se fier aux vieilles traditions ». La photographie est une modernité ; elle sera expertisée par des hommes à la parole libre.

Alors s'opposent, à la charnière du XIXᵉ et du XXᵉ siècle, les scientifiques positivistes, attachés aux faits, et les autorités ecclésiastiques, effrayées par le fétichisme. Paradoxalement, les premiers affirment leurs convictions quant à l'authenticité du suaire ; les seconds souhaitent à tout prix prouver qu'il s'agit là d'un faux. Les premiers s'appuient sur les images photographiques. Les seconds, sur les textes d'archives, fondant ainsi leur argumentation sur les révélations d'un peintre faussaire du Moyen Âge qui aurait avoué sa supercherie à l'évêque de Troyes.

Il importe que l'analyse menée d'après les photographies de Pia conserve son objectivité : elle fait donc abstraction des circonstances de la mort du Christ. On préfère parler de « l'homme auquel cette étoffe a servi de linceul ». Effet des terminologies positives : le saint suaire redevient « une grande pièce de toile de lin, longue de quatre mètres dix, large de un mètre quarante, jaunie par le temps, usée et déchirée par endroits, à demi brûlée dans un incendie, marquée par l'empreinte de silhouettes vagues ». Par ces précautions oratoires, les scientifiques pensent débarrasser l'étoffe des croyances qui marquaient les argumentations. L'organisation des taches en une vague silhouette humaine n'est pas remise en cause. La problématique se clarifie : ou bien l'étoffe est œuvre d'un peintre du Moyen Âge, ou bien elle est un linceul.

Pour les savants — qui cherchent à prouver l'authenticité du linceul —, le secours vient de l'horizon photographique. Il s'agit désormais de prouver que les images du suaire sont nées d'une action *naturelle*, « à distance », entre le corps et l'étoffe. Seule, la « nature », c'est-à-dire ce qui existe sans l'homme, est susceptible de fédérer les opinions de ceux qui croient en la science et de ceux qui croient en Dieu ; elle joue à la fois le rôle de cause et celui d'explication. « L'observation la plus directe la plus simple prouvera que ces images ne sont pas de la main d'un peintre, qu'elles sont des impressions naturelles. » En un tournemain, les scientifiques de la Sorbonne éliminent la thèse de l'artiste faussaire : comment un homme du Moyen Âge aurait-il pu réaliser une telle peinture à l'allure de photographie ?

La preuve par l'expérience

Instruire une preuve par la photographie n'est pas simple. Si, sur le négatif, le visage prend bien des allures de réalité, d'inexplicables bizarreries persistent : les taches foncées du sang, les traces d'un incendie qui a altéré l'étoffe en 1532 apparaissent blanches sur le négatif quand elles auraient dû être sombres. On opte alors pour une démarche expérimentale. Claude Bernard est implicitement convoqué. On cite les travaux du physiologiste Georges Demenÿ, ceux du médecin Paul Richer qui enduisent de sanguine les pieds des patients ataxiques qu'ils font marcher sur de longues bandes de papier, les incitant à écrire eux-mêmes, par leurs empreintes plantaires, le texte de leur maladie. La sanguine s'imprime d'autant plus nettement que la pression est plus forte. Entre le contact délicat des portions internes de la voûte plantaire et la compression énergique du talon et de la racine des orteils, se déclinent toutes les formes intermédiaires. Le visage d'un scientifique muni d'une barbe postiche enduite artificiellement de pigment est appliqué contre un tissu. Las ! L'empreinte obtenue, très grossière, a bien peu de choses à voir avec celle, espérée, du visage fier au nez droit que l'on se plaît à attribuer au Christ.

À ce stade, les techniques d'argumentation évoluent sensiblement. Prenant conscience que les mots sont structurants, les scientifiques dénoncent comme trompeur le terme de « négatif ». Celui-ci, affirment-ils, n'a de sens que depuis l'invention de la photographie et ne saurait s'appliquer à la fabrication d'une étoffe datant du Moyen Âge. Il convient de le remplacer par celui de « contre-jour ». On souligne par ailleurs que l'image produite, non réalisée par la lumière, ne mérite pas le nom de « photographie », étymologiquement, « écriture de lumière ». Le statut scientifique de la toile tachée se renforce : si elle résulte d'une action à distance, celle-ci est de type chimique, résultant d'émanations provenant du corps lui-même et des substances utilisées pour l'embaumement. L'analyse fine des taches sur la toile montre que les zones correspondant au creux du corps sont moins nettes que celles qui correspondent à des reliefs. Seule une action à distance peut expliquer de tels modelés. Le plus important est démontré : les images de Turin sont l'expression d'un phénomène naturel.

Reste à produire des empreintes analogues aux taches observées, à pratiquer en quelque sorte une archéologie expérimentale. Outre les rayons lumineux, on connaît à l'époque les rayons Röntgen ou rayons X, les rayonnements radioactifs, tous susceptibles de modifier une couche sensible photographique. Certes, la radioactivité naturelle mise en évidence par Becquerel en 1896, le radium découvert par Pierre et Marie Curie en 1898, n'expliquent rien : il paraît peu vraisemblable que le corps soit capable d'émettre des rayonnements radioactifs. Ils apportent pourtant de l'eau au moulin de ceux qui souhaitent montrer la scientificité des actions à distance.

Imaginons que le corps enseveli avec son drap ait été embaumé avec des herbes aromatiques... l'aloès et la myrrhe auraient joué le rôle de couche sensible dans la production de l'empreinte. L'idée n'est pas saugrenue : tout corps supplicié est producteur d'urée et ces vapeurs organiques sont aptes à oxyder les essences de l'aloès.

À cette étape de l'argumentation, les scientifiques marquent une pose : la méthode expérimentale a des limites. Un homme qui transpire ne peut guère être maintenu dans l'immobilité absolue que nécessite la réalisation d'une image. Expérimenter sur un cadavre n'est pas plus simple : il conviendra d'attendre qu'un décès par urémie survienne dans un hôpital ami. Et quand bien même l'on se procurerait un corps, qu'arriverait-il ? La chemise et les draps du lit auront absorbé la sueur ; l'oxydation recherchée ne se produira pas. Et puis, comment obtenir l'autorisation de laisser reposer un linge sur le visage d'un mort sans que celui-ci ait été lavé ? Et même si, par bonheur, ces difficultés parvenaient à être surmontées, qu'apprendrions-nous que nous ne sachions déjà ?

La preuve par la chimie

Dire qu'il s'agit du linceul d'un mort ne suffit pas : les scientifiques affirment que l'empreinte est bien celle du corps du Christ. « Les blessures qui couvraient le corps dont nous étudions la projection chimique ont un caractère si spécial, qu'elles désignent immédiatement le cadavre de Jésus-Christ. » Les interprétations s'emballent : les taches brunes situées à la base des cheveux tout autour de la tête seraient la trace de la couronne d'épines. La trace lenticulaire longue de 4,5 centimètres environ située sur la gauche de l'empreinte, c'est-à-dire sur le flanc droit du mort, serait la trace du coup de lance que le Christ reçut sur la poitrine. Sur le dos, les cuisses, les jambes, une série de marques singulières seraient celles des boutons métalliques des extrémités des lanières de certains fouets romains. Et puis encore, on retrouve sur l'épaule droite les traces de la lourde croix. Et puis, celles des coups reçus sur le visage le soir de l'arrestation chez le grand prêtre Caïphe. Le drap est bien le linceul d'un homme supplicié sur la croix, portant toutes les blessures du Christ.

Pourtant, les arguments sont encore insuffisants : n'aurait-on pas pu, par fraude, « faire un Christ » avec un cadavre quelconque ?

Logique de l'empreinte

À ce stade du raisonnement, l'argumentation s'appuie sur de nouveaux caractères de l'étoffe : « Un fraudeur n'aurait pas su reproduire de telles traces ; s'il avait eu l'idée de les peindre, il ne les aurait pas représentées de cette façon [...]. Il est inadmissible pour les chrétiens de peindre le Christ nu et le sens de l'inconvenance était encore plus net au Moyen Âge. » Sur l'empreinte, en effet, nulle trace du périzoma : l'homme aurait été enveloppé nu dans le linceul. Les traces complexes « d'une quinzaine de coups de fouet en travers du corps » renforcent les conclusions : les taches de l'étoffe n'obéissent pas à une logique artistique, elles ne s'expliquent que par les faits : « Oui, l'homme que le suaire a enveloppé était certainement Jésus-Christ. »

Seule une image technique pouvait induire ainsi la mobilisation déculpabilisée de la communauté scientifique sur un objet sacré.

L'histoire est exemplaire de la manière dont se renforce en cette fin de XIXᵉ siècle le statut scientifique de la photographie. Action « naturelle », elle instruit des savoirs positifs ; ses images jouent le rôle d'un nouveau réel sur lequel s'appuie la preuve. Outil de vision, au même titre que le télescope ou le microscope, son usage fournit l'impulsion d'une étude « objective » de l'étoffe.

Non seulement la photographie est une technique mais elle est un paradigme explicatif. Les relations liant le négatif photographique à l'étoffe fournissent un modèle à celles qui lient l'étoffe au corps du Christ : le négatif comme l'étoffe sont des empreintes. En outre, la photographie — comme les rayons X, le magnétisme ou la radioactivité — fournit la preuve que les actions à distance peuvent exister ailleurs que dans les fantasmes humains. Mieux encore, elle est la démonstration que ces actions à distance conservent les valeurs et les formes. Pour les scientifiques de cette fin de siècle, elle permet la reconnaissance totale de son objet. Rien ne s'oppose à ce qu'en retour les objets du monde soient perçus comme des photographies.

FIGURE 20. — Istres, vue aérienne.
*Photographie réalisée le 16 août 1943 par l'aviation américaine de l'aérodrome
d'Istres occupé par l'armée allemande.
Anonyme.*

Chapitre XV

VUES AÉRIENNES

1914-1944

La guerre de haut

1914 -1918 : l'usage de l'automobile transforme profondément la guerre. On n'hésite plus désormais à concentrer les troupes jusqu'à 100 ou 200 kilomètres des champs de bataille. La guerre de position évolue en une guerre dynamique.

Simultanément, l'œil s'élève, ouvre la voie de nouveaux points de vue : les avions et la photographie aérienne embrassent de haut un vaste champ de vision. Le regard neuf, mobile, libéré de la pesanteur « voit » dans tous les sens. Les images produites sans haut ni bas s'affranchissent des lois de la perspective. La guerre est ainsi, selon Brecht, « la grande leçon de choses pour une nouvelle vision du monde ».

La photographie aérienne n'est pas née de la guerre mais les nécessités militaires la font considérablement progresser. Facilitant la comparaison entre deux dispositions successives du champ de bataille, elle trouve son objet de prédilection dans la guerre de mouvement. Elle joue pleinement son rôle lorsque dans les situations dramatiques les âmes les mieux trempées ne peuvent conserver leur objectivité. Non sans cynisme, les chroniqueurs affirment la suprématie de la photographie sur les observations à l'œil nu : « Lorsqu'un bombardier de bonne foi déclare avoir vu ses bombes éclater au milieu de la rotonde d'une gare importante, le mal n'est pas grand. Mais quand un observateur déclare avoir vu toutes les tranchées de l'ennemi nivelées et les réseaux détruits, alors que ces destructions ne sont pas aussi complètes que dans son imagination, il en peut dépendre le succès d'une attaque. »

En 1914, la déclaration de guerre avait trouvé l'armée française dépourvue de toute préparation. Les avions existants avaient alors été équipés dans la hâte ; les appareils photographiques, embarqués avec les armes de tir. Ce n'est que durant l'été 1917 que le Bréguet 9 fut muni d'appareils photographiques corrects. L'armée allemande, elle, utilisait déjà, depuis des mois, non des avions aménagés, mais des appareils spécialisés, conçus et construits pour les prises de vue.

La photographie aérienne provoque simultanément l'émergence d'une science nouvelle : la photo-interprétation. Dans le théâtre de la guerre, les photo-interprètes se forment par dizaines. Jamais l'image n'avait encore fait sentir à ce point l'urgence d'une science de sa lecture ; les points, les taches, les lignes, sont les seuls accès aux territoires rendus impénétrables. Une logique de la trace se construit. Les allers et retours entre les photographies et le terrain facilitent le classement : tranchées, barbelés, chicanes, boyaux d'accès, batteries, points de ravitaillement. La surface du sol s'érige en texte à lire. Elle conserve encore sa part d'indécision : il est souvent difficile de distinguer les creux et les bosses.

Tout apparaît avec « l'exquise impression d'une merveilleuse, ravissante propreté ! pas de scories ni de bavures. Il n'est tel que l'éloignement pour échapper à toutes les laideurs ». Routes, villes, forêts se transforment en jeu d'enfant : « Joujoux ces petites maisons aux toits rouges ou d'ardoises [...]. Joujoux bien plus encore ces soupçons de chemin de fer [...] [1]. » La guerre tend vers une abstraction : elle en est tragiquement facilitée. Loin de se limiter à l'enregistrement de l'action, la photographie acquiert une valeur prédictive. Une victoire, tant technologique que stratégique, est remportée le jour où, à la seule interprétation de deux traits suspects, est évitée l'une des dernières batailles de la Première Guerre mondiale. On anticipe les mouvements de l'ennemi. On s'oppose à ses projets.

Ces images aériennes reçues comme par une fenêtre grande ouverte et, dans un premier temps non interprétées, génèrent rapidement le leurre. Fausses batteries allemandes, fausses gares détournent l'attention des véritables chantiers cachés sous d'épais feuillages : le terrain se façonne en réponse aux prises de vue. La surface du sol évolue en images. En réponse aux leurres, la photo-interprétation progresse radicalement. Les photographies sont analysées, retouchées ; les éléments importants, soulignés. On dresse des cartes stratégiques destinées à tout un secteur d'armée. On les surcharge de flèches et de pointillés. En produisant et intégrant leur propre analyse, ces « images-actions » modifient profondément l'allure de la guerre.

Ce n'est que lorsque le conflit prend fin et que l'on songe à utiliser l'avion militaire photographique pour les relevés géographiques civils, que l'on se rend compte de l'insuffisance du matériel, de l'extrême incertitude des systèmes de visée. Les relevés civils nécessitent à l'époque une précision bien supérieure à celle des images de guerre. En matière de photographie aérienne, les géographes prennent le relais des militaires.

Absolue mobilité

En 1858 Nadar réalisait déjà à bord d'un ballon des photographies « horizontales » de la terre vue d'en haut,

---

1. F. Nadar, *Dessins et écrits*, Paris, Booking International, 1994.

déconnectant nettement l'appareil photographique de l'œil de l'observateur. « Tout est "au point". La rivière coule au niveau du sommet de la montagne. Pas de disparité perceptible entre les champs de luzerne également arasés avec les hautes futaies des chênes séculaires [...]. L'invitation à l'objectif était presque formelle, impérative, et si intense que fût notre absorption poussée jusqu'au vague du rêve, en vérité, il eût fallu n'avoir jamais entr'ouvert la porte d'un laboratoire pour que nous ne fussions aussitôt traversés de la pensée de photographier ces merveilles [1]. » Tout en refusant de collaborer avec le ministère de la Guerre, il soulignait qu'elles « permettaient des opérations stratégiques par la levée des fortifications ». Dès l'année suivante, des photographies auraient été utilisées dans la guerre d'Italie. En 1885, Gaston Tissandier, directeur du journal *La Nature* et adepte du vol en ballon, obtient la première photographie de Paris prise à la verticale. Le point de vue étrange et radicalement nouveau du monde vu d'en haut avait frappé les imaginations.

Les points de vue élevés, les angles inédits, les cadrages basculés, ne sont pas cependant l'apanage de la photographie aérienne ; ils naissent aussi de la ville moderne. Entre 1903 et 1917, Alfred Stieglitz et les photographes américains de la revue *Camera Work* découvrent simultanément les premiers gratte-ciel new-yorkais et les vues en plongée. En France, Léon Gimpel réalise à partir de la grande roue des prises de vue « d'en haut » pour *L'Illustration*.

La photographie, qui tire sa force d'une aptitude à la réception du hasard, transforme paradoxalement le réel en un monde codé d'où tout hasard est banni. De trace, elle devient preuve. De contemplation, elle se fait action.

La grande guerre est terminée. Les images lui survivent. Les photographies aériennes ont arraché le regard au sol, frappé les imaginations des artistes, transformé la terre en une immense image et fait de l'image une portion du monde.

---

1. *Ibid.*

Mobilité absolue, elles donnent prise aux rêves de vol. Ni le regard, ni le monde ne sont plus fixes : ils flottent l'un et l'autre, l'un par rapport à l'autre. Dans une indépendance et une instabilité nouvelles. L'abstraction photographique fait oublier la guerre : le regard des hommes peut rencontrer celui des anges. Les *Proun* de El Lissitzky, l'ouvrage théorique de Malévitch *Die Gegenstandlose Welt*, publié en 1927, sont accompagnés de photographies aériennes. L'un et l'autre font flotter des corps géométriques dans des espaces blancs, libres, sans profondeur. Que l'on regarde vers le bas ou qu'on lève les yeux, on rencontre des escadrilles aériennes. En 1915, Malévitch peint *Aéroplane*. Entre 1914 et 1916, ses *Éléments suprématistes exprimant la sensation de vol* et sa *Composition suprématiste* confèrent à l'espace une dimension universelle. Une nouvelle conception du point de vue prend place à côté des regards placés à hauteur d'homme hérités de la Renaissance. Les compositions diagonales marquent les œuvres de nombreux peintres abstraits constructivistes. Les photographies de Moholy Nagy, notamment ses « vues aériennes rapprochées », sont traversées de lignes obliques.

Les avant-gardes ont trouvé dans la photographie un mode de légitimation ; l'enthousiasme est profond. L'image concentre des propriétés jusque-là jugées incompatibles : quoique abstrait, le « photographié » est exact. Il est le fruit d'un regard objectif.

En photographie d'art, les points de vue inédits connaissent leur plus grande vogue aux environs de l'année 1925. La mode des voyages en avion est contemporaine de l'abstraction.

Repliements identitaires

Pour les géographes, l'enjeu de la substitution d'une vision du fragment par une vision synthétique aérienne s'accompagne de la naissance d'une « science du paysage ».

Les atlas photographiques se multiplient. En France, Marcel Griaule souligne que la photographie aérienne est désormais l'outil indispensable des ethnologues : on ne peut connaître les populations sans avoir connaissance de la globalité de leurs territoires. Pourtant, les photographies aériennes n'annoncent pas seulement des libertés nouvelles : génératrices de discours sur l'espace et le territoire, elles sont aussi les instruments de légitimation des repliements identitaires. Dans la revue d'art *Das Kuntblatt*, Robert Breuer[1] pressent que « de la même manière que pour l'homme, la vitesse croissante des transports a transformé le monde, levé les frontières entre les objets et renforcé l'unité cosmique, il n'est pas exclu que la vision aérienne modifie le regard collectif ». En 1931, Eugen Diesel légitime l'existence d'une « Terre des Allemands[2] » par l'emploi de la photographie aérienne[3] : « La géographie s'emploie plus que jamais à réunir une série de domaines de connaissance en fonction d'une conception globalisante ; elle est née par amour pour notre terre, le domicile de l'humanité, et tourne son regard aussi bien vers le concret que vers le spirituel. [...] C'est seulement aujourd'hui que nous possédons, grâce à la photo aérienne, un merveilleux moyen pour rendre, avec toute la magie de l'évidence, la terre visible comme une carte, et la carte comme la terre. » Deux ans plus tard, dans le discours qu'il prononce pour l'inauguration de l'exposition *Die Kamera* à Berlin, Goebbels affirme sa foi dans le médium photographique, en valorisant la fonction de témoin absolu : « Nous croyons à l'objectivité de l'appareil photographique et sommes sceptiques sur tout ce qui nous est transmis par l'oral ou par l'écrit. »

---

1. R. Breuer, *Welt vonoben. Zu den Aero-Luftbild-Flugaufnahmen*, Berlin, Das Kunstblatt, 1926.
2. E. Diesel, *Das Land der Deutschen*, Leipzig, Bibliographisches Institut, 1931.
3. O. Lugon, « La vue aérienne », *La Photographie en Allemagne*, Nîmes, Jacqueline Chambon, 1997.

TROISIÈME PARTIE

L'imagerie

Chapitre XVI

RADIOGRAPHIES

Antoine Béclère (1856-1939)

Mains

Empreinte directe : la radiographie *est* l'individu, la réalité même. Pas une simple figure, mais déjà un « objet main » posé sur plaque de verre sensible et transparente, *traversé* par les rayonnements. La main abîmée est celle d'Antoine Béclère, fondateur de la radiologie française [1]. Un doigt est perdu ; d'autres, en passe de l'être. Dans les archives du Centre Antoine-Béclère, la plaque de verre est rangée au voisinage des carnets de laboratoire et de la grosse moufle grise qui masquait la main gauche du radiographe. Trois doigts du gant sont obturés par des formes de bois.

Le médecin conservera toute sa vie un « courageux silence » sur le mal professionnel qui le ronge. À sa mort les biographes ajouteront cependant qu'il n'aura pas connu les « derniers stades de l'affreux mal des radiologistes ». Il y eut des morts en effet, dans les tout premiers temps où les dermites se soignaient à l'aide de bombardements répétés.

Ici, c'est d'elle-même que la radiographie nous parle. La main qui fabrique l'image, en se montrant, se détruit.

---

1. Voir *Pratique. Les cahiers de la médecine utopique*, juin 1998.

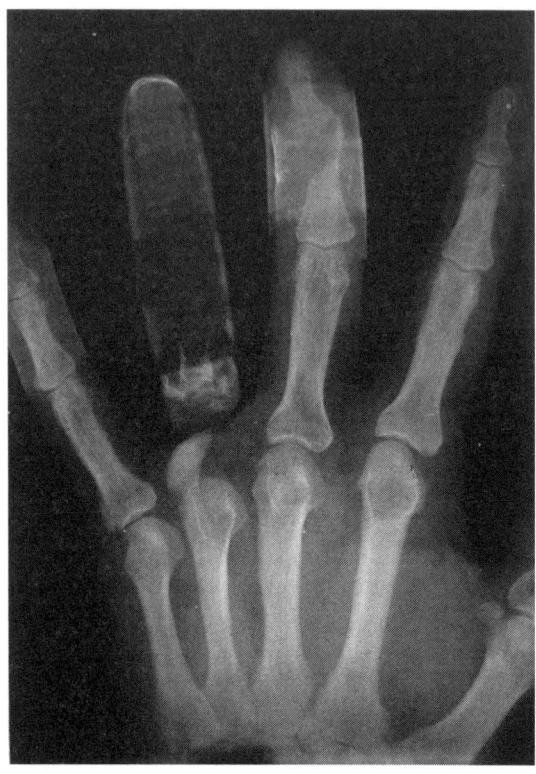

FIGURE 21. — La main gauche d'Antoine Béclère.
Radiographie.
Gélatino-bromure d'argent
sur plaque de verre.
17,5 × 13 c
Anonyme, s.d.

Les rayons X sont découverts à la fin de l'année 1895 ; dès le mois de janvier 1896, la nouvelle se répand comme une traînée de poudre. Nul ne soupçonne les dangers de cette « photographie de l'ombre ». Les caricaturistes exultent : voir — enfin ! — le fœtus dans le corps de la mère, les pensées des homme politiques ou la femme dans la chambre adultère... En 1897 les médecins Oudin et Barthélemy, collaborateurs d'Antoine Béclère, décrivent les premiers accidents cutanés et viscéraux nés de l'usage répété des tubes émetteurs de rayons. À la charnière des deux siècles, la sécurité des médecins ne cesse de diminuer au fur et à mesure que s'accroît la puissance des appareils. La protection des malades, en revanche, est plus rapidement prise en compte.

L'image de la main de Bertha Röntgen réalisée le 22 décembre 1895 par le physicien Wilhem Conrad Röntgen avait bouleversé l'Europe. Elle avait contribué, en mobilisant la grande presse internationale, à la diffusion de la découverte. Pour la première fois, l'œil accédait à l'intérieur du corps *vivant*. Pour la première fois, la machine de prise de vue voyait mieux que l'œil humain : la plaque sensible photographique captait à distance des rayons invisibles. L'image de la main baguée, cadrée comme une simple « vue », ouvrait la voie d'un dialogue entre le réel et la machine productrice de rayons.

Dès le 20 janvier 1896, Henri Poincaré communique à l'Académie des sciences la photographie d'une autre main réalisée cette fois par les médecins Oudin et Barthélemy. Puis, aux mains ordinaires, succèdent rapidement les mains d'enfants, les « mains » animales — de faisan ou de grenouille —, les mains pathologiques. À l'hôpital de la Salpêtrière, Albert Londe, chef du service photographique, se lance dans l'aventure. Depuis la mort de Charcot en 1893, il a abandonné ses travaux photographiques inféconds relatifs à l'hystérie. En ce mois de janvier 1896, il se procure très vite le matériel nécessaire à la production des rayons X, aisément disponible dans les laboratoires de physique. Le laboratoire radiographique de la Salpêtrière qu'il organise rationnellement servira un temps de modèle à l'installation d'autres laboratoires hospitaliers. Ses radiographies de mains à six doigts témoignent de l'époque des inventaires éclectiques ; de celle où la maîtrise des techniques était bonne mais où l'on n'hésitait pas à utiliser des bombardements prolongés pour une image contrastée. Si la main d'Antoine Béclère, qui parle d'elle-même, est une *énonciation* ; celle de Bertha Röntgen, à peine cadrée, reçue comme par une fenêtre ouverte, est une *vue* ; les mains à six doigts d'Albert Londe, éléments monstrueux nés du désir de promouvoir les machines, sont des *curiosités*.

Secousses institutionnelles

La machine radiographique qui surgit à la fin du XIXᵉ siècle ne se limite pas à la production de nouvelles figures du corps. Elle déplace le regard médical vers de nouveaux objets, oblige à réorganiser les lieux de la médecine. Surtout, elle bouscule les hiérarchies. L'invention de la radiographie médicale a surpris. Après les découvertes de l'asepsie, de l'antisepsie, de l'anesthésie, on n'attendait plus grand-chose de la médecine dans les dernières années du XIXᵉ siècle. Nul ne pouvait imaginer l'arrivée impromptue d'une machine miraculeuse. L'espoir se portait plutôt du côté de l'électricité ou de l'hygiénisme. L'automobile et l'avion semblaient alors bien plus riches de promesses que la médecine dont les savoirs semblaient clos [1].

Le surgissement du nouvel outil radiographique entraîne de profondes réorganisations institutionnelles. Antoine Béclère prend conscience des dangers du nouveau pouvoir acquis par les photographes ou les physiciens qui maîtrisent les machines. Mettant à profit l'imprécision des frontières entre radioscopie, radiographie et radiothérapie, il dénonce avec vigueur la pratique de cette dernière par les non-médecins. Les premières tensions importantes se manifestent au mois de décembre 1896 : elles mettent aux prises les partisans d'une radioscopie exclusive et ceux d'une radiographie techniquement plus sophistiquée. La querelle, née de l'arrivée de machines coûteuses et complexes, est sous-tendue par la question du partage du pouvoir et du savoir entre médecins non techniciens et techniciens non médecins. Elle durera des dizaines d'années. Le *Journal* du mercredi 7 février 1906 titre : « C'est

---

1. Voir *Rêves de futur, Culture technique*, nᵒ 28, Éditions CRT, 1986, MIT Press, 1993, pour la traduction française, Centre de recherches sur la culture technique.

très bien d'interdire la radiographie aux charlatans, mais est-il juste, d'autre part, d'en réserver le monopole exclusif au corps médical ? »

Albert Londe, à la Salpêtrière, Contremoulins, à l'hôpital Necker, tous deux non médecins, sont pourtant nommés l'un et l'autre responsables des ateliers de radiologie de leurs établissements respectifs. Les conflits redoublent d'intensité. La controverse prend une telle ampleur qu'il est fait appel à l'arbitrage de Georges Clemenceau, ministre de l'Intérieur et lui-même médecin. Une enquête est ordonnée. Elle dure deux ans au bout desquels l'Académie des sciences estime qu'il n'y a pas lieu de réformer la loi du 30 novembre 1892 sur l'exercice illégal de la médecine en ce qui concerne les rayons X : leur usage ne peut être confié qu'à des docteurs en médecine. Les conflits ne s'atténueront réellement qu'avec la loi du 16 mars 1934 reconnaissant l'obligation du diplôme de docteur en médecine pour l'utilisation des rayons X à des fins diagnostiques ou thérapeutiques, mais respectant les situations acquises de quelques non-médecins.

Lentement, un nouveau regard médical se met en place : le diagnostic ne se fait plus seulement à partir de l'observation du patient, mais à partir de celle des images. Un champ du savoir radicalement nouveau, tant par ses objets que par ses méthodes, prend naissance : celui des spécialités de l'imagerie.

Chapitre XVII

REGARDS SOUS-MARINS

Jean Painlevé (1907-1989)

L'arrivée de la caméra

S'il n'avait pas disposé d'une caméra, s'il n'avait eu que l'appareil photographique, Jean Painlevé n'aurait jamais fait découvrir à ses contemporains la lippe boudeuse de l'hippocampe ou la pale en croisillons de la queue des crevettes. Que ses films soient « biologiques », comme il le disait lui-même, ne signifie pas qu'ils obéissent aux règles du documentaire scientifique classique. Certes, ils invitent à la découverte des formes étonnantes des invertébrés marins mais ils n'« apprennent » rien, si « apprendre » consiste en l'acquisition de connaissances scolaires. Là n'est pas leur objet. Son cinéma à lui cherche, invente, fonde.

L'œuvre cinématographique de Jean Painlevé reste aujourd'hui relativement méconnue ; elle a pourtant fortement marqué le public sans télévision de l'avant-guerre. Ses images ont inauguré, pour le grand public, l'invention des invertébrés marins. Le film *L'hippocampe*, réalisé en 1935, accompagné de commentaires délibérément anthropomorphes connut un véritable succès public. Le stupéfiant poisson-cheval fut porté en broches, en boucles-d'oreilles, brodé sur les pullovers, comme un signe de ralliement ou d'appartenance. En réalité, Jean Painlevé, le facétieux, s'amusait à brouiller les frontières. S'attardant sur ce poisson mâle qui prend en charge les tout jeunes dans sa poche ventrale, il démontrait par là que le partage social du travail entre hommes et femmes n'a pas de fondements biologiques. Et l'on parlait dans le métro de ces bousculades dans la répartition des tâches. L'hippocampe était devenu — pour tous — emblème d'une aspiration à la liberté.

FIGURE 22. — Pale de la queue de la crevette.
Jean Painlevé, 1929.

Jean Painlevé, né en 1902, est mort en 1989. Né avec les débuts du cinéma, il a traversé le siècle, en a brillamment saisi les joies, n'en a pas éludé les drames. L'homme porte un nom célèbre : celui de son père, Paul, mathématicien honoré, ami — parmi d'autres — d'Albert Einstein, mais surtout, homme politique, profondément républicain. De 1910 à sa mort en 1933, Paul Painlevé fut successivement député, ministre de l'Instruction publique, ministre de la Guerre, président du Conseil, candidat à la Présidence de la République, et de nouveau ministre de la Guerre.

On s'étonne : comment Jean Painlevé, le fils, qui eut l'occasion de côtoyer la fine fleur du monde politique et culturel a-t-il pu se tenir à la tâche ingrate et difficile de filmer les méduses et les homards ? Certes les amours de la pieuvre ou la locomotion de l'oursin suscitent intérêt et même fascination, mais nous nous prenons à vouloir comprendre : que n'a-t-il filmé ses amis Jean Vigo, Jean Eisenstein, Antonin Artaud, Man Ray, Calder, Darius Milhaud, Louis Aragon, Jacques Prévert, Philippe Halsman, Joris Ivens et tant d'autres ? Pour quelles raisons, ce passionné du siècle n'a-t-il pas satisfait à ce que nous appellerions aujourd'hui le « devoir de mémoire » ? Pourquoi n'a-t-il pas saisi ce qui, si facilement, s'offrait à lui ?

À vingt ans, mû par un double sentiment d'opposition et d'obéissance, Jean Painlevé rejette les mathématiques et opte, par provocation dosée, pour la dernière des sciences : la zoologie. « Fils de... », il entre au *Laboratoire d'histologie comparée* de la Sorbonne. Dès l'année suivante, il est associé à une première communication à l'Académie des sciences. À cette époque, désireux de créer un film documentaire, il prend contact avec le metteur en scène René Sti qui le convainc plutôt de participer en tant qu'acteur, aux côtés de Michel Simon, à son premier film. Jean a vingt et un ans. Le cinéma n'en a que vingt-sept. Manipuler la caméra signe l'appartenance à une modernité.

Les journaux — nombreux — s'emparent de l'aventure. En titrant : « Le fils de Paul Painlevé se lance dans le cinéma », ils écrivent l'histoire, créent l'événement fondateur d'une biographie. Reculer est impossible. Le film de René

Sti ne sera jamais achevé, mais la même année Jean Pain-levé présente *L'Œuf d'épinoche* à l'appui de sa seconde communication à l'Académie des sciences. Le film « de recherches » soulève des commentaires. Les académiciens se méfient de ces images animées qu'ils accusent de les tromper : le film réalisé image par image se présente comme un ralenti. Les journalistes, les amateurs de cinéma, le jugent intéressant ; ils lui reprochent seulement — à mi-mots —, d'être ennuyeux, insuffisamment tourné vers le grand public.

La rencontre de Jean Painlevé et de Jean Vigo est fulgu-rante. C'est le second qui fut demandeur. Le 31 août 1930, de Nice où il est contraint de se soigner pour tuberculose, Jean Vigo écrit à Painlevé : « Pardonnez-moi de ne pas craindre de vous déranger. Je sais, seulement, que vous comprendrez que seul le souci d'un meilleur cinéma, mieux connu, me guide dans mes démarches. » Jean Painlevé a déjà réalisé sept ou huit films courts. Les deux Jean — le fils du président du Conseil comme celui de l'anarchiste Vigo dit Almereyda — sont animés d'une même recherche exigeante de la vérité, du même humour. Certes, la haine du conformisme « qui tue la vie » constitue la trame narrative de *Zéro de conduite*, alors qu'elle se métaphorise dans les commentaires de Jean Pain-levé. Mais le regard satirique que ce dernier porte sur la pieuvre, le bernard-l'ermite ou l'hippocampe n'a rien à envier au coup d'œil que jette Vigo aux habitants fortunés de la côte dans *À propos de Nice*...

Ainsi s'exprime, dans sa description de la pieuvre, l'im-mense mépris que Jean Painlevé porte à la bourgeoisie et à ses femmes : « Drapée dans sa peau aux changeantes cou-leurs, Madame des Étreintes a fermé les yeux... Entre ses lourdes paupières de jouisseuse avertie, filtre cependant un brin de regard perpétuellement à l'affût. Car ce vulgaire mollusque possède des paupières et peut doser son regard, contrairement aux poissons avec l'étonnement permanent de leurs yeux tout ronds... Elle voit loin, elle vise bien [...] Comment résister à cet enlacement toujours renouvelé ? »

On a souvent pris les films de Jean Painlevé pour de simples documentaires scientifiques, des films bons pour la jeunesse ; c'est un contresens. C'est par provocation que Jean Painlevé, certes mû par le désir de savoir, filme ces formes étranges si proches de nous. La transmission des connaissances n'est qu'un prétexte ; les références scientifiques, un mode de légitimation.

Ses acteurs, en réalité, possèdent de bien curieux visages et d'étranges comportements. Comme chez Jean de La Fontaine, le parti pris « animal » autorise les libertés de point de vue. C'est une galerie de portraits qui nous est offerte. La violence, l'anthropocentrisme provocant des commentaires disparaissent derrière le « rigoureusement, scientifiquement exact » des images. Pour le grand public, son cinéma montre le vrai et cela suffit.

Scènes théâtrales

Ce que Painlevé met en place — outre le monde sous-marin lui-même — est une scène théâtrale où s'installent dans l'« illusion vraie » de la vie des acteurs chimères, simultanément êtres authentiques et personnages. Plus qu'à une séance de cinéma, c'est à un spectacle vivant qu'il nous convie ; à la recherche non d'un savoir, mais d'une vérité. Ce théâtre ni bon, ni mauvais, draine un fond de cruauté latente. Car la nature, même dans les eaux douces, n'est pas tendre. Le commentaire du film *Assassins d'eau douce* dit ainsi : « Nuit et jour, la mort sans colère, sans passion, sans réflexion, sans atermoiements, sans morale, la mort nécessaire : c'est pour le besoin. [...] Dans tous ces meurtres, on est bouleversé par les gestes suppliants des victimes, l'imagination entend leurs cris. Ce n'est qu'une question d'habitude : à Saint-Amour, les enfants vont voir ébouillanter les cochons. » Et l'historien du cinéma Georges Sadoul dira des films de Painlevé qu'ils sont « féroces comme assassins d'eau douce ».

Dans le *Vampire*, entrepris avant la guerre et achevé en 1945, les commentaires ne prennent plus de gants dans l'exercice des métaphores de la cruauté sociale : « La chaleur moite écrase l'homme... Lui seul ne voit rien des palpitantes ténèbres [...]. La mort bat son plein. Les araignées sauteuses grandes comme des assiettes, aux yeux composés luisants comme ceux des chats, massacrent les oiseaux. Le serpent coulissant autour d'une liane qu'il épousait, traverse en flèche la gorge d'un puma ou engloutit un crapaud buffle en étouffant son mugissement.

« C'est l'heure du Vampire, celle de toutes les légendes de tueurs. »

En cherchant, en montrant à tout prix la vérité, Painlevé en devient cruel lui-même. Du latin *crudelis*, « qui fait couler le sang » ; il n'hésite pas à filmer, dans des scènes aujourd'hui difficilement soutenables, un cobaye sans défense harcelé par une chauve-souris hématophage.

Jean Painlevé, encore jeune, a côtoyé Antonin Artaud lorsque celui-ci se destinait à la scène théâtrale. En 1927, réalisant les cinq ou six scènes filmées de *Mathusalem*, drame bouffe du surréaliste Ivan Goll, mis en scène par René Sti, il filme l'acteur qui vient de jouer dans la *Jeanne d'Arc* de Dreyer. Jean Painlevé raconte le tournage : « Madame Mathusalem, vêtue en théière, s'approche de la fenêtre et s'écrie : tiens, un enterrement ! et le film montre une Bugatti que je conduis, sur laquelle est posée un catafalque. La voiture est suivie par Antonin Artaud déguisé en cardinal et la famille en trottinette. »

Les textes réunis en 1936 par Artaud, sous le titre *Le Théâtre et son double* éclairent le cinéma de Painlevé sans que l'on puisse dire si les influences sont venues du premier, du second, ou, simplement, d'une « culture » diffuse. Pour Painlevé, pour Artaud, le langage constitue une entrave à la connaissance de la vie ; les acteurs muets de Painlevé en disent plus par leurs formes, leurs comportements, et leurs zones d'ombre que des personnages bavards du cinéma parlant. Pour Painlevé, pour Artaud, la vérité est à chercher dans la spontanéité de la vie sauvage. Il convient d'offrir au spectateur des « précipités véridiques de rêves, où son goût du crime, ses obsessions érotiques, sa sauvagerie, ses chimères, son sens utopique de la vie et des choses, son cannibalisme même, se débondent, sur un plan non pas supposé et illusoire, mais intérieur. » Ces lignes écrites par Artaud s'adaptent mot pour mot au cinéma de Painlevé.

Et dans les scènes spectaculaires de Painlevé, les revendications d'une exactitude scientifique conduisent à voir tout, à voir « vrai », quel qu'en soit le prix. En allant par la caméra « au bout du regard », elles rendent les choses étranges et superposent un « sur-réel » aux contingences marines. De cet excès d'exactitude scientifique naît une imagerie : la caméra voit mieux, autre chose, que l'œil de l'observateur. Et cette imagerie nous transporte ailleurs, dans un monde plausible, porteur de fictions.

Organisations matérielles

Pour que ces animaux flasques et mous existent il a fallu affronter d'incommensurables obstacles techniques. L'affaire pourtant, valait la peine d'être tentée : à l'époque de la survalorisation des exploits techniques, elle possédait une forte composante symbolique.

La jeunesse de Jean Painlevé en effet s'est déroulée aux rythmes effrénés d'un monde marqué par les bouleversements de la vie moderne. Heureux propriétaire de voitures qui se succèdent à grande vitesse, il prend part aux courses automobiles ou transporte à vive allure dans les bois de Meudon les aviateurs qui lui ont fait si peur dans les airs. Fils de ministre, acteur attentif des débuts de l'aviation, c'est lui qui trouve (au ministère de la Guerre !) l'appareil qui permet à Costes et Bellonte d'accomplir leur tour du monde.

La fabrication des films relève elle aussi de l'exploit technique. Que faire lorsque l'éclairage indispensable à la prise de vue perturbe le comportement de la poulpe ou de l'épinoche dont le réalisateur est censé rendre compte ? Le combat technique prend des proportions gargantuesques. Les aquariums explosent. Les pieuvres s'échappent par la fenêtre, tombent sur le trottoir aux pieds des passants... Jean Painlevé bricole, invente des dispositifs, des caméras. C'est parce qu'il fabrique qu'il comprend le fonctionnement des êtres qu'il filme. La technique est, en outre, un mode de légitimation et de déculpabilisation : faire un film n'est plus un divertissement mais un métier.

La mise au point d'un scaphandre autonome par le commandant Le Prieur, la fabrication des caméras de prises de vue sous-marines sont, en ces années 1930, les facteurs déclenchants d'un ébranlement culturel : celui de la naissance du monde sous-marin à un vaste public. Le scaphandre léger de Le Prieur donne prise à tous les rêves. Utilisant de l'air ordinaire, ne nécessitant aucune collaboration de surface, il fonctionne dans toutes les positions du plongeur, « même tête en bas ». Pour Jean Painlevé, l'essentiel est de s'aventurer avec confiance et liberté dans cette nuit neuve et d'en savoir guetter avec patience les drames. Ces perfectionnements techniques ouvrent la voie à la création de la première école de scaphandre par Painlevé et ses amis. En ces années d'avant-guerre, la plongée sous-marine devient un loisir populaire.

Les légitimations techniques et scientifiques jouent un rôle important dans la confiance qui — parfois malgré lui — est accordée à Jean Painlevé. Dès la mort de son père, Jean fonctionne en personnage de substitution. Appelé dès 1934 en tant qu'observateur du fascisme naissant en Autriche, puis en Pologne, il crée et anime quelques années plus tard le Comité du cinéma français pour l'aide aux enfants réfugiés d'Espagne, adhère au Front populaire, participe à la résistance dans le réseau de Jean Moulin et, finalement, se cache. En 1944, alors qu'il anime le Comité de libération du cinéma français, il est nommé directeur du cinéma français par le gouvernement du général de Gaulle ; il est démis de ses fonctions le 16 mai 1945, huit jours après la libération de Paris. Avec Joris Ivens et Henri Storck, il fonde un peu plus tard l'Union mondiale des documentaristes, ouvrant le cinéma documentaire à une qualité internationale.

Provocations

Tempori cedere. Jean Painlevé a cédé au temps : sa jeunesse s'est ouverte aux hasards de l'occasion. Curieux d'un monde en pleine explosion, fasciné par les nouvelles machines, happé par la modernité, tirant parti de légitimations scientifiques et techniques, il a fui les genres établis. Insuffisamment anonymes, ses films ne sont pas des documentaires scientifiques comme leur objet pourrait le laisser croire. Trop documentés, ils échappent aux pures recherches plastiques. Empreints d'une révolte latente, ils ne peuvent que se revendiquer d'un surréalisme de la marge. Profondément héritiers d'un *Chien andalou*, de *Ballets mécaniques*, d'un *Zéro de conduite* ou d'un *Théâtre de la cruauté*, ils doivent se voir comme une lecture féroce de la société bourgeoise. La richesse de ce cinéma hors du commun vient précisément de ce qu'il ne cherche pas à plaire. La possibilité de son existence lui est offerte par ses caractères apparents de scientificité.

À l'opposé des drames d'une cinématographie expressionniste, le cinéma objectif de Painlevé rejoint les tentatives téméraires des réalisateurs qui, à partir de 1924, s'efforcent délibérément de rompre avec la production commerciale. Cette forme nouvelle de l'art cinématographique n'est pas présentée à Paris dans les grandes salles, mais dans les salles « spécialisées ». Là, se produit un phénomène que Jean Painlevé juge étonnant : « Les spectateurs qui avaient vigoureusement sifflé certains films projetés dans les salles commerciales applaudissent frénétiquement les mêmes films projetés dans les salles spécialisées. » Une simple modification du dispositif de réception a suffi à la constitution d'un public. *L'Étoile de mer, La Daphnie, Oursins,* ne sont plus ce que le public n'attend pas, mais ce qu'il cherche à voir.

Jeune, Jean Painlevé s'ouvrait aux opportunités ; plus âgé, il les appelle. Désormais, il prend en charge l'histoire, la construit à partir du présent, forgeant lui-même les filiations : « ... j'ai retrouvé dans les toiles de Fernand Léger quelque chose de familier [...] la prolifération irrémédiable des champignons, des bacilles, l'insinuation des algues. [...] D'étonnements en cataclysmes, toute une souffrance se dessine, la même qui préside à la transformation de la larve en pupe, de la pupe en imago. » Entre ses recherches et celles d'un Fernand Léger, la parenté est, pour lui, manifeste : elle est celle d'un affrontement au monde *réel,* qui reste commandé par des « impulsions non asservies ».

Une lecture des films de Jean Painlevé qui se limiterait à leurs référents (la biologie du poulpe, celle de l'étoile de mer...) et ne verrait que documents dans ces images serait rapidement caduque. Elle risquerait fort de n'acquérir aucun sens dans l'univers médiatique contemporain. L'intérêt de ces films est autre : il réside dans l'invention d'un monde — celui des bords de mer — sous les effets directs de dispositifs techniques originaux : ceux de la diffusion des images dans des réseaux spécialisés, ceux de leur production artisanale. Il réside également dans les traces qu'il nous laisse : celles du regard d'un homme sur la vie culturelle de la première moitié du siècle.

Il est enfin dans ce nœud que les images trament entre savoir, technique et politique. Par leur objet, les films de Jean Painlevé seraient aisément relégués dans le documentaire scientifique. Par leur écriture, ils sont immergés dans une actualité culturelle et artistique. Par la gestion du regard qu'ils proposent, par leur existence même, ils s'ancrent pleinement dans une actualité — qu'ils se soient érigés dans sa mouvance ou à contre-courant. Par l'ensemble de leurs caractères, ils s'enracinent enfin dans les politiques techniques de cette première moitié de siècle.

Chapitre XVIII

L'INVENTION D'UNE ARCHÉOLOGIE

Carl Sagan, 1972

La plaque en or

Le 2 mars 1972, la sonde Pioneer 10 s'élance vers Jupiter. Il s'agit déjà pour la Nasa de redonner « goût à l'espace » après la fin un peu triste des missions lunaires Apollo. Germe alors l'idée que les sondes, destinées — une fois la mission Jupiter achevée — à gagner d'autres galaxies, pourraient emporter avec elles une image de la Terre et des Terriens. Elle émane de Carl Sagan, professeur à l'université de Cornell, membre d'une équipe de recherches sur les vaisseaux planétaires automatiques de la Nasa, hautement reconnu et décoré pour la réalisation et l'analyse des photographies de la planète Mars par la sonde Mariner 9. Carl Sagan, persuadé que la vie peut exister ailleurs, parvient à convaincre les dirigeants de la Nasa de l'urgente nécessité de signifier clairement l'origine des sondes terriennes aux habitants des autres mondes. Sur sa proposition, Pioneer 10 emporte avec elle une petite plaque couverte d'or d'une longueur de 22 centimètres, d'une largeur de 15. Quasiment inaltérable, la plaque est gravée de dessins. Elle transporte une image de nous-mêmes à destination d'aléatoires Extraterrestres.

Sur la partie droite de la plaque, un homme, une femme. Son regard à lui est franc, direct. Fièrement campé sur ses

deux jambes, levant la main droite à plat, en signe de bienve-
nue, il s'adresse aux futurs observateurs, lecteurs et décryp-
teurs de la plaque. Elle, plus petite, regarde en diagonale,
dans la direction de l'homme. Un léger déhanchement la
place en retrait. Tous deux sont blonds, jeunes, beaux, nus,
en bonne santé. Les proportions des corps sont parfaites. Les
cheveux de la femme sont dénoués. Ceux de l'homme
— imberbe —, légèrement ondulés, coupés à l'occidentale.

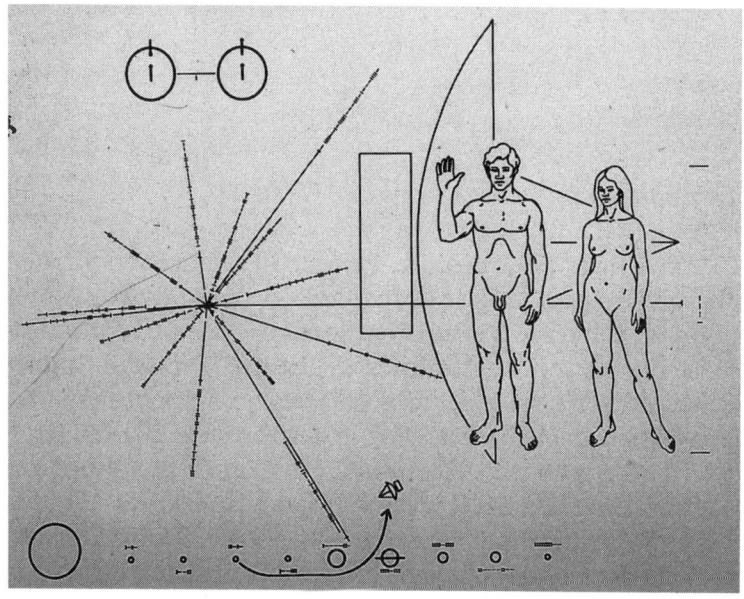

FIGURE 23. — Plaque en or placée à bord de la sonde Pioneer 10.
22,5 × 15 cm.
2 mars 1972.

Carl Sagan affirme pourtant avec vigueur avoir créé là
des caractères panraciaux : l'homme, la femme ne seraient
pas blonds : la gravure au trait serait seule responsable d'un
tel effet. L'image se veut neutre, objective, claire, simple,
compréhensible, amicale. Trait d'union entre nous et
« d'autres ». Les traits de chacun des visages résulteraient
de la superposition des principaux types humains. Ces

visages composites, portraits robots de l'humanité, seraient habilités à parler en son nom.

Les efforts sincèrement déployés pour gommer les signes distinctifs du conquérant occidental ont échoué. Adam et Ève, puisqu'il faut les appeler par leur nom, restent empreints de chrétienté. Selon toute vraisemblance, une grande partie de l'humanité aurait grand mal à s'identifier à cet homme saluant à l'occidentale comme on débarquerait sur une île déserte.

Au bas de la plaque en or, schématisée par la gravure, la sonde prend des allures de jouet. Son trajet au cœur du système solaire est figuré par une simple courbe. Les planètes sont disposées en ligne, à intervalles parfaitement réguliers. Et l'on comprend que le schéma constitue, à sa manière, une image des origines. Avant de s'affranchir du système solaire, la sonde, venant de la Terre, a contourné Jupiter.

Cependant, la majeure partie de la plaque en or est occupée par un ensemble de rayons convergents. Au centre, le système solaire ; à l'extrémité des rayons de longueurs variables, d'autres galaxies. Le schéma, astucieux, figure la disposition de notre propre galaxie au cœur de l'univers, à l'aide d'un système de coordonnées indépendant de la position de l'observateur. Il doit — logiquement ! — offrir à tout observateur de l'espace la possibilité de localiser l'origine de la sonde. Derrière ces codes : le présupposé que nous ne nous adressons qu'à des êtres susceptibles de nous répondre par l'envoi de signaux et donc aptes au décryptage de symboles qui restent ésotériques, pour nous Terriens sans qualité. La petite plaque en or ne s'adresse qu'à une élite évoluée, intelligente, technologiquement nantie.

En haut de la plaque : le schéma de la molécule d'hydrogène, simplement formée de deux atomes implicitement assimilés à des sphères matérielles stables. La figuration choisie est celle des représentations « en boule » mises au point au XIXe siècle. L'hydrogène, la plus simple des molécules, est également la plus abondante de l'Univers dont elle constitue à elle seule 80 % de la masse. Elle est, certes, présente sur Terre et dans l'atmosphère terrestre, mais son spectre optique la localise dans les étoiles ; son spectre radio, dans la matière stellaire. Sur la plaque en or, la molécule d'hydrogène symbolise le bien commun à la plupart des objets de l'univers. Elle est le « mot » que nous pourrions partager avec les habitants des autres mondes. Et sa figuration désuète en forme d'haltères est censée fournir une belle idée de cette solidarité qui nous lie aux astres et à l'Univers entier.

Microsillon et redressement d'image

Image de nous-mêmes qui ne lasse pas de nous étonner, la plaque en or serait directement née des critiques engendrées par la piètre qualité des programmes télévisuels terrestres. L'argumentation logique de Carl Sagan est claire : la source terrienne d'ondes radio la plus envahissante est la télévision.

Les émissions de télévision ont pris de l'ampleur vers la fin des années 1940 : elles ont alors donné naissance à un front d'onde dont la Terre est l'origine, qui progresse dans l'espace à la vitesse de la lumière. Carl Sagan se désole : « Nous n'avons plus qu'à espérer que les séries télévisuelles désolantes de puérilité resteront indéchiffrables. [...] Les crises internationales, les conflits fratricides au sein de la famille humaine, voilà les principaux messages que nous avons choisi de diffuser vers le Cosmos. Que peuvent penser de nous les êtres qui l'habitent ? » Les messages télévisuels circulent à la vitesse de la lumière : il est impossible de les rattraper, impossible de les annuler par un message plus rapide. Pour Carl Sagan, une civilisation évoluée occupant la planète d'une étoile proche devrait dans ce brouillage des ondes distinguer sans peine deux types de messages télévisuels : les messages itératifs tels les indicatifs des chaînes, les messages publicitaires et les messages diffusés simultanément en divers points de la planète tels les discours prononcés en temps de crise par le président des États-Unis. La technologie spatiale, ses sondes et l'image gravée de la plaque en or seraient seules capables de rectifier cette image donnée de nous-mêmes aux autres mondes...

Les sondes Voyager envoyées aux débuts des années 1980 vers les confins du système solaire, et désormais en route vers les étoiles, transportaient déjà un disque de cuivre de type microsillon, plaqué or, une cellule et une pointe de lecture. Les scientifiques américains avaient enregistré là leurs commentaires sur « nos gènes, notre cerveau, nos bibliothèques ». La Nasa souhaitait alors transmettre à des êtres inconnus une idée des spécificités de l'être humain.

Dans ces enregistrements sonores, les structures cérébrales figurent en bonne place : le Terrien est fier de son cerveau. Une part relativement importante des commentaires est accordée à la description du système limbique et à celle du cortex cérébral : l'homme fait, certes, partie du monde animal, mais bénéficie d'une intelligence supérieure. La définition du Terrien moyen ne peut cependant se limiter aux caractères de l'espèce. L'individu existe : il a fallu donner par le son une idée de l'émotion, de la sensibilité, de la pensée. C'est ainsi que les scientifiques américains ont enregistré successivement sur le disque d'or l'activité électrique cérébrale, cardiaque, oculaire et musculaire... Ont été jointes des salutations en soixante langues étrangères, des photographies montrant des êtres humains « du monde entier » engagés dans des « actions hardies et collectives ». Une heure et demie de musique illustrant notre solitude cosmique et un enregistrement du chant des Baleines mégaptères, paradigme du message d'amour, ont complété cette antitélévision. Les astronautes affirment être convaincus que le message restera indéchiffré : l'important resterait d'émettre. Les disques d'or de Voyager ont aujourd'hui atteint l'espace interstellaire, entraînant avec eux l'image d'un Terrien joyeux, convivial, intelligent et sensible. Formes supérieures de transmission, les disques

auront la vie plus longue que les systèmes mémoriels terriens classiques : livres, objets manufacturés, monuments.
Conçus pour durer un milliard d'années, ils devraient
même survivre à l'espèce humaine...

Construction du souvenir

La planète Jupiter fut bouleversée par le survol des
sondes Pioneer 10 et Pioneer 11. De grosse, grise opaque et
lourde, elle devenait — par les images — vive, douée de
turbulences, de stratifications, animée de bandes de nuages
alternativement sombres et brillants. Elle acquérait une
grande tache rouge, gigantesque tourbillon dans lequel la
Terre tout entière pourrait prendre place sans difficultés.
« Presque mourante », Pioneer 10 est aujourd'hui en route
pour la constellation du Taureau. Le lundi 31 mars 1997,
des raisons budgétaires ont conduit la Nasa à couper le
contact avec la sonde. Ont alors resurgi les délires insensés :
la sonde rencontrera sa première étoile dans trente mille
ans. Au cours du prochain million d'années, elle croisera
sur sa route une dizaine d'étoiles. Ses restes immortels
continueront d'arpenter les solitudes glacées de la Voie lactée bien après la mort de notre propre Soleil et celle de
toute vie sur Terre.

C'est ainsi que les technologies spatiales remplissent
d'intelligence créatrice les régions autrefois réservées aux
divinités. En opposition complète avec une vision médié-
vale du monde où des êtres cosmiques bien différents des
habitants de la Terre déplaçaient à grand peine les sphères
célestes, nous transportons ailleurs, avec nos sondes, des
images de nos rationalités conquérantes. Et ces rêves, paradoxalement nés des performances de la science et de la
technologie, mobilisent les opinions publiques, les institutions, les États, les budgets. Donnant naissance à des projets d'une audace inouïe, ils répondent par avance à des
questions que nous n'avons eu ni le temps, ni l'idée de

poser : « Quelle image de nos civilisations laisserons-nous après la mort du Soleil ? »

C'est au début du XVIIᵉ siècle, au moment où se met en place la révolution copernicienne que le concept de vie extraterrestre fait irruption dans les débats scientifiques et philosophiques. Les tourbillons de Descartes, la gravitation universelle de Newton, la recherche exacerbée d'atmosphères planétaires, les concepts rationnels et unificateurs préparent paradoxalement la venue de formes de vie extraterrestres. L'évacuation des dieux tout-puissants ouvre la voie à l'installation de nouvelles solidarités cosmiques. L'envoi d'engins spatiaux et, en retour, l'arrivée d'images révolutionnaires bouleversant l'idée que nous nous faisions de nous-mêmes agissent de même. Les rationalités scientifiques et industrielles ne sont pas en opposition avec l'existence, pourtant bien illusoire, d'Extraterrestres. Au contraire. Elles peuplent d'autres nous-mêmes l'insupportable blancheur de la carte du ciel. Et ces individus de pacotille ne peuvent qu'être infiniment intelligents. Efficace, la petite plaque d'or rend possible l'habitabilité des mondes. Ses codes graphiques interrogent la construction de cette trace de nous-mêmes que nous léguons à la postérité.

L'œuf original

« Le *big bang* a une image ! »

23 avril 1992, l'analyse des résultats obtenus par le satellite américain COBE[1] crée un événement médiatique. Lancé le 18 novembre 1989, le satellite, bardé de capteurs, a pour mission d'analyser les rayonnements émis sous forme de micro-ondes radio par les objets les plus lointains et donc les plus anciens ; de tels rayonnements signeraient l'explosion originelle. En enregistrant effectivement un

---

1. COBE : Cosmic Background Explorer (ou encore : explorateur du fond de ciel cosmique).

rayonnement « venu de la nuit des temps », le satellite a longtemps confirmé la valeur de la température attendue, soit approximativement 270 degrés Celsius, tout en la faisant apparaître désespérément identique en tous les points de l'Univers. Or, les partisans de la théorie du *big bang* ne peuvent se satisfaire d'un tel résultat. L'irrégulière répartition des galaxies dans l'espace actuel ne peut s'expliquer, en effet, que par des variations de densité originelles, des « grumeaux » de matière préfigurant étoiles et galaxies. Le ciel n'est ni lisse, ni homogène : le rayonnement fossile enregistré par COBE aurait dû, logiquement, témoigner de ces inégales répartitions de matière.

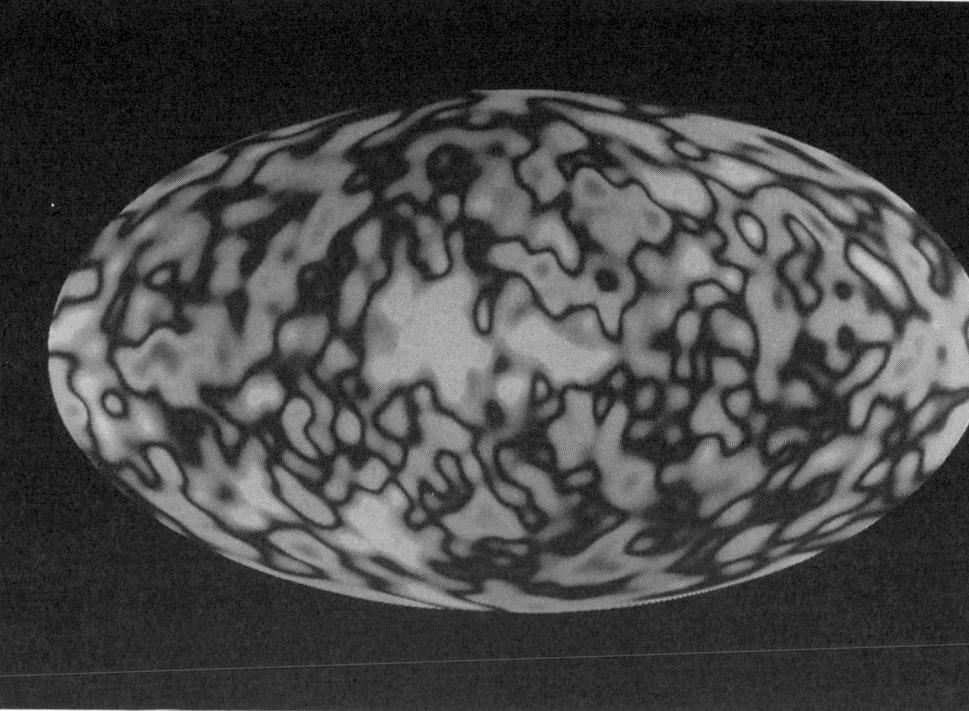

FIGURE 24. — Big bang.
Image du rayonnement fossile capté par le satellite COBE, montrant une répartition non uniforme des températures du fond de l'univers.
23 avril 1992.

Pendant des années, COBE a mesuré des températures uniformes. Le 23 avril 1992, en multipliant par un facteur 10 000 les résultats obtenus, on a fini par faire ressortir d'infimes variations de température, de l'ordre de quelque trente millionièmes de degrés. Elles seraient la trace de très faibles variations de densité de la matière. L'émotion, considérable, a été d'autant plus vite diffusée par les médias qu'une image existait à l'appui de ces démonstrations.

Retraduite en fausses couleurs dans des tons bleus et roses, inhabituels en matière scientifique, elle confère aux origines de l'univers la forme d'un œuf.

Désormais, le *big bang* a une image. Il est visible. Plus exactement, nous avons obtenu une image dont nous affirmons qu'elle est celle du *big bang* et qui lui confère une existence. Cette image, fortement attendue, comble un vide irreprésentable. Imagerie, elle fonctionne comme une photographie. Construction, elle se présente comme une empreinte. Elle est la preuve que, toutes nées du même œuf, nos diversités sont liées par une origine indifférenciée. Comme la plaque en or, l'œuf bleu et rose affirme les solidarités.

Peu importe l'étymologie : l'expression « *big bang* » a été inventée par un astrophysicien de Cambridge, Fred Hoyle, qui cherchait précisément à se moquer d'un point de départ unique, explosif, origine de toutes nos spécificités individuelles... L'œuf bleu et rose serait l'irreprésentable enfin photographié, ordonnant et conférant une beauté aux circonstances impensables de l'origine qui suscitent le désarroi. Il nous est impossible d'imaginer que nous sommes nés d'un hasard.

Largement diffusée et commentée par les médias, l'image construit le cosmos du monde : elle l'ordonne, le célèbre et l'orne à la fois. Elle est ce qui convient et n'est pas sans rapport avec la beauté : le cosmos est cosmétique. Cet enchantement qui cantonne les infinis dans l'espace de l'œuf s'ancre dans un ordre serein. Sans lui, il n'y aurait qu'angoisse et épouvante : une image du cosmos, une figuration du *big bang* se doit d'être calme.

Simultanément, l'hypothèse d'un modèle simple et régulier du *big bang* est régulièrement critiquée [1]. Selon l'effet mis en évidence par le mathématicien praguois Doppler en 1842, la lumière émise par les étoiles s'éloignant rapidement de la Terre serait déplacée vers les longueurs d'onde plus grandes : ces étoiles apparaîtraient plus rouges. Dans ces décalages vers le rouge, on voit non seulement une preuve de la fuite croissante des galaxies, de leur éloignement progressif et réciproque, mais surtout une preuve de l'expansion de l'univers. Un tel événement, installé à l'origine de tout être vivant comme de toute matière inorganique, serait ainsi — dans une philosophie déterministe — à l'origine du sens de l'existence de chaque individu. Pour le tout-venant, l'idée n'est pas aisée à recevoir. Quelle légitimité possèdent ces débats de spécialistes desquels il est d'emblée exclu ? Que les galaxies s'éloignent effectivement les unes des autres ne confère pas une autorité spontanée à un concept unifiant universel, irréfutable, ancré dans un réalisme scientifique.

L'image bleue et rose du *big bang* a créé son objet. Ni mieux, ni moins bien que la petite plaque en or, elle est une construction de la trace, une fabrication. Elle ne nous apprend rien sur nous-mêmes, mais elle nous façonne, nous transforme. Destinée à créer de rassurantes solidarités, elle relègue au loin la peur des espaces infinis. L'effroi qu'elle générerait est d'un autre ordre : il serait celui qu'engendre un inéluctable déterminisme.

---

1. J. Silk, *Le big bang*, Éditions Odile Jacob, Paris, 1997 (pour la traduction française et la réactualisation de l'édition).

Chapitre XIX

LE REGARD ENCHANTÉ

Fractales, 1976

Avatars de naissance

Le numérique n'est incompatible ni avec le hasard, ni avec la surprise : c'est un incident, la question d'un étudiant, qui a conduit les mathématiciens Hubbard et Douady à découvrir — au-delà d'équations simples — une complexité mathématique insoupçonnée. Dans les années 1970, alors que Hubbard fait un cours sur la méthode de Newton, procédé destiné à acquérir rapidement la solution approchée d'une équation différentielle, un étudiant demande ce qui se passe pour une équation du troisième degré. Pour une équation du second degré, le problème était relativement simple. Pour une équation du troisième degré, Hubbard promet une réponse pour la semaine suivante. « Mais Hubbard n'a pas répondu, ni cette semaine-là, ni les suivantes, parce que le problème était fort compliqué[1]. » Cent ans plus tôt, le mathématicien Cailey s'était déjà trouvé aux prises avec un problème similaire.

La complexité de la situation conduisit alors à s'orien-

---

1. Voir M. Sicard, « Y a-t-il de l'art dans les fractales ? », entretien avec A. Douady, *Chercheurs ou artistes ? Entre art et science, ils rêvent*, Autrement, 1995.

ter vers des méthodes graphiques. Les ordinateurs de l'époque ne permettaient que de visualiser le tracé d'une centaine de points d'une courbe ; Hubbard leur a préféré les crayons de couleur et le papier quadrillé.

C'est ainsi qu'il a commencé à tracer ces courbes complexes que l'on ne nommait pas encore « fractales ».

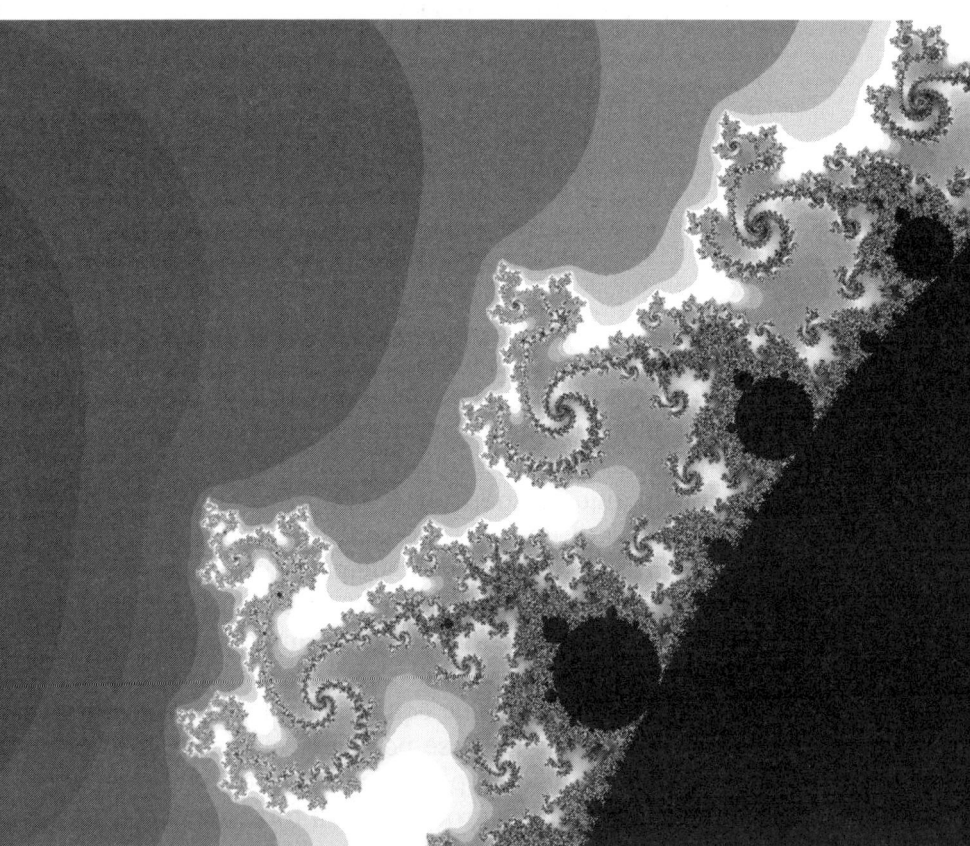

FIGURE 25. — Fractal.
Détail de l'ensemble de Mandelbrot : les éléphants. Adrien Douady.

En 1976, le mathématicien Benoît Mandelbrot annonce ouvertement qu'il va fonder une nouvelle discipline, à partir de ces courbes que leur dimension fractionnaire situe entre la ligne et la surface. Il crée un mot pour les désigner. *Fractal* est obtenu en groupant le mot latin *fractus*, qui signifie « irrégulier » et le mot français *fraction* : les fractals sont des objets mathématiques fragmentés, de dimension non entière. À l'origine, le mot *fractal* était masculin. Le pluriel, *fractaux*, heurtant l'oreille, les mathématiciens ont pris l'habitude d'utiliser le féminin, *des fractales*, pour le pluriel tout en conservant le masculin *un fractal* pour le singulier.

Le succès des *fractales* de Benoît Mandelbrot est soigneusement orchestré ; créer un mot ne suffit pas, il convient de préciser le concept qui lui est associé. D'une manière simple, les objets mathématiques nommés *fractales* sont des objets qui conservent grossièrement la même forme, qu'ils soient observés de très loin ou de très près à l'aide d'un zoom. Il s'agit là, en réalité, de zoom mathématique : c'est sans fin que l'on peut s'enfoncer à l'intérieur d'une forme qui nous apparaît pourtant figurée dans le plan d'un écran d'ordinateur. La forme d'une côte marine qui ne perd pas sa complexité lorsqu'elle est vue de satellite ou lorsque le grain de la roche est observé au microscope donne une idée intuitive de ce que peut être un objet fractal. La forme d'un flocon de neige, qui apparaît autant découpé lorsqu'il est observé à l'œil nu ou à la loupe, en est un autre exemple. Les fractales possèdent cependant une définition strictement mathématique : un fractal est un ensemble pour lequel la dimension de Hausdorff Besicovitch dépasse strictement la dimension topologique.

En 1980[1], alors qu'ils disposent enfin d'ordinateurs relativement puissants, les mathématiciens. Douady et

---

1. C'était en 1980. « Je me souviens qu'en 1980, quand je dis à mes amis que j'allais commencer avec Hubbard une étude des polynômes de degré 2 à une variable complexe, ils me regardèrent en me disant : "Tu t'attends à trouver quelque chose de nouveau ?" Mais c'est justement cette famille de polynômes qui devait produire ces images, ces objets, qui sont si compliqués — pas chaotiques, mais, au contraire, rigoureusement organisés. » Adrien Douady.

Hubbard entreprennent l'itération de polynômes du second degré à une variable complexe[1]. Ils sont stupéfiés par les résultats obtenus. Les images figurées sur les écrans sont étonnamment complexes tout en étant rigoureusement organisées. Non statiques, mais dynamiques. Loin d'être chaotiques, les systèmes figurés représentent des séries de trajectoires suivies par des points situés dans le plan des paramètres[2]. Les différentes couleurs sont attribuées arbitrairement en fonction des vitesses des différents points. En noir : les points sautillant sur place.

Les mathématiciens Hubbard, Douady et Sibony donnent le nom d'*ensemble de Mandelbrot* à cette figure en forme de cœur ; ils ne savent pas alors que deux étudiants de Harvard, Brooks et Mattelski, ont déjà publié cette image[3]. « Il convenait alors de bien distinguer le plan dynamique et le plan des paramètres. Dans le plan dynamique avaient été définis préalablement des *ensembles de Julia* », du nom du mathématicien inventeur des courbes sans tangentes. L'*ensemble de Mandelbrot* appartenait, lui, au plan des paramètres[4].

Parallèlement, Benoît Mandelbrot annonce clairement la naissance d'une nouvelle géométrie qui ne serait plus froide et sèche mais au contraire en prise directe sur la vie, apte à décrire la forme des nuages, des montagnes, des côtes marines ou des arbres. « Les nuages ne sont pas des

---

1. Le tracé des ensembles de Julia et de l'ensemble de Mandelbrot est obtenu à partir de l'équation à variables complexes : $Zn + 1 = Zn2 + C$, où C est une constante complexe. Les ensembles de Julia sont obtenus en fixant C et en faisant varier Z dans le champ des nombres complexes. L'ensemble de Mandelbrot est obtenu en faisant varier le paramètre C. Les nombres complexes sont les nombres de la forme $a + ib$ où i est une racine carrée de -1 (la seconde racine carrée de -1 étant $-i$).
   2. Les points obtenus en faisant varier Z dans l'équation $Z (n + 1) = Zn2 + C$, alors que le paramètre C reste constant, définissent le plan dynamique. Les points obtenus en faisant varier le paramètre C après avoir fixé $Z0 = 0$ appartiennent au plan des paramètres.
   3. Voir M. Sicard, « Y a-t-il de l'art dans les fractales ? », entretien avec A. Douady, *op. cit.*
   4. Voir ci-dessus la note 2.

sphères, les montagnes ne sont pas des cônes, les côtes marines ne sont pas des cercles, une onde sonore n'est pas lisse et la lumière ne voyage pas en ligne droite[1]. » Le monde ne peut être décrit à l'aide de cercles ou de triangles. D'une manière générale, il revendique un mode de description des formes naturelles qui ne rejette ni l'irrégularité, ni le fractionnement. Selon lui, un certain nombre de questions de l'actualité de la physique, des mathématiques, mais aussi de l'hydrologie ou de l'économie sont directement concernées par la théorie des fractales. Dès 1828, le biologiste Robert Brown avait affirmé la nature physique du mouvement de particules fines dans un fluide sur lequel est fondée la théorie cinématique de la chaleur. Il s'opposait en cela à ceux qui affirmaient alors la nature biologique des mouvements si particuliers des particules aussi fines que la poussière, nommés plus tard, « mouvement brownien ». Pour Benoît Mandelbrot, de telles particules se déplacent selon des trajectoires de type fractal. N'échapperaient d'ailleurs à de telles courbes ni la forme des cratères lunaires, ni la répartition des galaxies dans l'univers, ni la forme des îles.

En réalité, Benoît Mandelbrot n'a pas découvert ces courbes sans tangentes. Déjà connues des mathématiciens du XIXᵉ siècle, celles-ci ne sont pas des constructions neuves. Cependant, les mathématiques classiques, qui s'appuyaient alors sur la géométrie euclidienne et les modèles dynamiques de Newton, les classaient volontiers dans la catégorie des « formes pathologiques ». « Éloignez de moi ces monstres ! » disait le mathématicien Weierstrass au XIXᵉ siècle. Certes, les vagues et l'écume des flots, les palmes et les feuillages, n'ont pas attendu les mathématiques pour exister mais Benoît Mandelbrot a tiré habilement parti d'une « raison naturelle », ancrant résolument ses travaux dans la figuration du déluge et de ses tourbillons par

---

1. Benoît B. Mandelbrot, *The Fractal Geometry of Nature*, New York, W. H. Freeman and Company, 1977, 1982, 1983.

Léonard de Vinci, dans la figure de la « mesure de l'univers » du frontispice de la *Bible moralisée* écrite entre 1220 et 1250.

Les plasticiens, les musiciens contemporains, les créateurs d'images nouvelles, se sont emparés de ces formes emboîtées fascinantes qui se retrouvent toujours ressemblantes au fur et à mesure que l'on s'enfonce en leur sein. Benoît Mandelbrot s'est efforcé de convaincre ses contemporains de la validité d'un tel regard englobant. Ces objets mathématiques modéliseraient des phénomènes naturels aussi divers que les flocons de neige, l'écoulement des rivières, les phénomènes de percolation, l'organisation spatiale des galaxies dans l'univers ou, comme il le dit lui-même, « la Terre, le Ciel et l'Océan ». Ainsi se crée, soutenue par la fascination des images, l'utopie d'une description des formes susceptible de les concerner *toutes*, sans exception. L'image universelle s'installe dans la droite ligne des grandes théories unifiantes. Ouvrant la voie à la réconciliation entre une description géométrique du monde et la complexité de la nature, elle participe de la recherche d'une « nouvelle alliance » succédant aux drames de la rupture entre le phénomène et la science, le sensible et la raison.

De cette concurrence entre les mathématiques et la nature, les premières pourraient bien, finalement, sortir gagnantes : plus colorées, plus riches d'espoir. Fascinantes, les fractales réenchantent les mathématiques ; objets de commentaires, elles ouvrent la voie d'un débat public sur des domaines jusque-là réservés aux spécialistes. Elles participent enfin à la prise de conscience que les mathématiques ne décrivent pas un monde qui préexiste, mais construisent de toutes pièces des univers logiques. Les mathématiciens eux-mêmes qui revêtaient encore souvent mentalement les habits de l'explorateur s'emparent de plus en plus de ceux du fabricant-constructeur.

Pourtant, ni les physiciens, ni les mathématiciens ne se servent aujourd'hui des fractales comme d'un horizon théorique et rares sont les philosophes qui s'y sont intéressés. Certes, les mathématiciens créent et utilisent des courbes de type fractal mais il ne s'agit pas alors de faire acte d'allégeance à une théorie des fractales ; simplement d'utiliser un outil aux caractéristiques singulières.

FIGURE 26. — Montagnes.
Paysage imaginaire, calculé.
Jean-François Colonna, 1997.

Les mathématiques, enchantement du monde

Les fractales, cependant, ne sont pas sans conséquences. Resserrant les liens fortement distendus depuis la science des Lumières entre la géométrie et la réception sensible du monde, elles fonctionnent comme échangeurs symboliques entre les scientifiques et le public. Leur esthétique est garante de leur efficacité. Logiquement, les fractales, « qui aident à recréer le monde », conduisent à la fabrication d'images réalistes. Les paysages de montagnes, leurs pentes raides, leurs vallées rocailleuses, leurs lacs irréels et leurs perspectives embrumées sont l'un de leurs objets de prédilection. L'exercice consiste à mettre en œuvre mathématiquement, outre l'irrégularité des surfaces et le fractionnement des formes, les règles de la perspective.

La démarche, cependant, est bien différente de celle d'un Léonard de Vinci. Lui recevait en vrac, sans sélection, les tourbillons, les écumes, les turbulences. Par un puissant exercice du regard, il en faisait jaillir des formes simples ; la géométrie, née d'une observation attentive, succédait au fouillis. Dans la théorie des fractales, la turbulence mathématique préexiste dans une large mesure à l'observation naturaliste. La naissance des formes est le fruit d'un calcul. Quoique d'ordre mathématique, la description fractale est plus proche des formes naturelles que les modèles physiques de la turbulence mis en œuvre dans les souffleries ou les cuves hydrodynamiques des laboratoires.

Ce n'est pas parce qu'elle fait songer à une montagne qu'une image a besoin d'une montagne pour exister. Elle peut être simplement — comme ici — le résultat d'une expérience mathématique. Que la machine à calculer universelle purement théorique inventée par Türing avant la Seconde Guerre mondiale constitue l'une des prémisses de l'ordinateur, et donc d'une mathématique de l'œil, semble paradoxal. Le calcul numérique sur ordinateur a pourtant produit des outils magnifiques qui ont profondément transformé certaines branches de la mathématique, propulsant par exemple au premier rang l'étude des systèmes dynamiques complexes, leur conférant une belle notoriété.

L'image écran est objet d'expérience : la modification d'un paramètre se traduit en formes et en couleurs. L'exercice de l'œil est indispensable à cette nouvelle mathématique expérimentale. Il dirige le lecteur vers les zones de l'écran coloré, et donc vers les zones de la courbe où les questionnements mathématiques sont les plus riches. « Tiens, il y a là quelque chose à démontrer ! » L'image donne des conjectures ; facilite l'émergence et la formulation de questions. « L'œil est un instrument d'une puissance extraordinaire pour dégager des structures[1]. » Une image peut figurer ainsi un complexe tableau de nombres, des formes conceptuelles inimaginables. Offrant un support à la pensée sans pour autant référer à un objet matériel, elle n'a pas besoin d'un objet matériel pour exister. Et rien n'interdit évidemment un même objet mathématique d'avoir plusieurs images, différentes les unes des autres. L'expérience numérique pallie l'absence du terrain, celle du toucher. Elle légitime l'image dans son rôle de substitut d'expérience de laboratoire.

Ces images calculées interrogent les définitions. Rien n'apparaît plus comme allant de soi : ni les couleurs, ni les formes, ni les codes. Tout est construit, fabriqué. Même les codes de couleur sont en grande partie subjectifs et ne sauraient être normalisés. L'image ne cherche pas ici l'imitation d'une forme visible ; elle rend visibles des propriétés cachées. Ceux qui n'ont pas opté radicalement pour une définition triviale de l'image sont en droit de se demander si ces figures planes, bidimensionnelles, douées d'une esthétique mais non ressemblantes et sans référents, sont encore des images.

Les valeurs s'inversent. Les domaines abstraits, conceptuels, deviennent visuels et concrets. Les images qui furent longtemps considérées comme des doubles, des illusions, au mieux comme des enregistrements, constituent une nouvelle réalité, un nouveau « terrain ». Heinrich Hertz[2] faisait remarquer au siècle dernier : « On ne peut

---

1. Voir M. Sicard, « Y a-t-il de l'art dans les fractales ? », entretien avec A. Douady, *op. cit.*
2. Voir J.-F. Colonna, *Images du virtuel*, Addison-Wesley, 1994.

échapper au sentiment que ces formules mathématiques ont une existence qui leur est propre, qu'elles sont plus savantes que ceux qui les ont découvertes, que nous pouvons en extraire plus de science qu'il n'en a été mis à l'origine. »

Les images fractales éblouissantes de formes et de couleurs génèrent de nouveaux déchirements : l'homme savait déjà qu'il n'avait pas la maîtrise du monde, il se rend compte désormais qu'il n'a même plus celle de la mathématique ! Les images écrans ont révélé, derrière des équations aux formulations relativement simples, une complexité insoupçonnée. Savants démiurges mais naïfs, nous savons désormais que les objets construits des mathématiques fonctionnent puissamment, d'une manière complexe, et que jamais nous ne pourrons les connaître dans leur totalité.

Chapitre XX

LA CONSTRUCTION DE LA TRACE

Passy, 1980

La construction de la trace

Le lecteur d'images a tout à apprendre de l'archéologue. Comme lui, il enquête, à la recherche de documents et de pièces à conviction. Comme lui, il organise des surfaces planes en textes déchiffrables dont la lecture n'est pas imposée : elle résulte de choix, d'engagements. Certes, nous ne décelons une trace que si nous avons déjà une idée de l'objet auquel elle renvoie : pour accéder à la vie d'une population disparue, il faut inscrire ses restes matériels dans une logique de la preuve. On ne voit que ce que l'on est préparé à voir et le fragment de poterie n'est un document que par décision.

Nous ne pouvons pas non plus affirmer trop rapidement, comme s'il s'agissait d'une affaire classée, que nous ne voyons que ce que nous connaissons. Certes, nous n'apprenons, nous ne découvrons — et donc nous ne construisons — que par comparaison. Mais la connaissance naît aussi — peut-être surtout — d'un étonnement, de décalages entre l'attendu et le découvert. Les archéologues cherchent la répétition des structures, des documents, mais le moteur profond de leurs actions est l'attente de la différence : la trace n'émerge que par la surprise qu'elle provoque. Élever

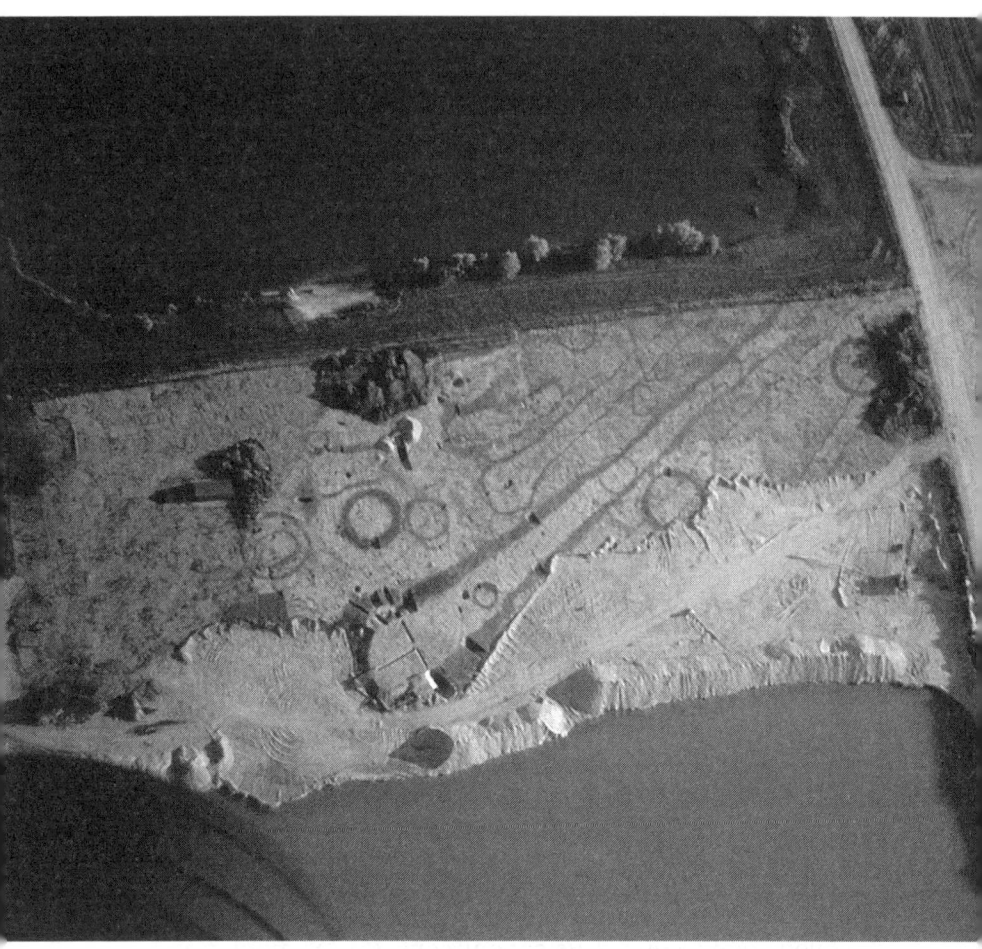

FIGURE 27. — Monuments.

Photographie aérienne, Richebourg, La Sablonnière, vallée de l'Yonne.
L'ensemble funéraire photographié ici — les fouilles ont été menées de 1978 à 1990
sous la responsabilité de H. Carré, M. Fonton et P. Duhamel — comprend une
trentaine de longs monuments longs de 20 à plus de 300 mètres. Disposés en
faisceau, ils s'ouvrent en direction de l'est où divers dispositifs évoquent une
entrée. L'autre extrémité se termine en arrondi (P. Parruzot).

le regard au-dessus du sol par la photographie aérienne, déceler les réflexions d'infrarouges invisibles à l'œil est promesse de découvertes ; on attend beaucoup de ces regards impossibles, de ces yeux de substitution.

Pour l'archéologue, l'interprétation du fragment matériel est une construction ; et cette construction n'est pas la même si l'œil se promène au ras du sol ou s'il bénéficie de l'aide de photographies aériennes. On ne voit guère si l'on ne maintient pas la distance ; mais l'on ne voit rien si l'on ne s'approche pas. Le talent résulte d'une habileté à ces jeux incessants de l'accommodation. Voir nécessite à la fois du savoir et de l'innocence.

L'archéologue reste ainsi confronté à un dilemme. La trace se construit, mais pour fonctionner comme trace, elle doit se comporter comme un objet qui parlerait de lui-même, serait la voix de populations disparues : il est de règle que l'interprétation doit suivre l'information et non la précéder.

Ainsi se construit la trace, née simultanément du surgissement de l'inconnu et du rappel des fait connus.

Dans les années 1950, la couverture systématique de la vallée de l'Yonne par la photographie aérienne fait apparaître de longues structures rectilignes qui n'avaient jamais été décelées par les promeneurs terriens. On attribua spontanément un caractère naturel à de tels tracés révélés par la machinerie photographique. Durant près de trente ans, nul ne s'émut.

En 1978, cependant, trois villages danubiens sont découverts dans ces sablières de Passy. Un quatrième stationnement représentant une installation de potiers est trouvé de l'autre côté de la rivière de l'Yonne. Dès lors, il semble urgent d'effectuer le sauvetage de ce fond de vallée, déjà partiellement détruit[1]. Le renfort d'équipes d'archéologues permet de mettre à jour un petit cimetière familial au voisinage d'habitations néolithiques. Les craintes que

---

1. H. Carré-Sens, *Comptes rendus du sauvetage programmé de Passy 89*, inédit, musée de Sens.

l'exploitation industrielle des gravières ne fasse disparaître les traces accélèrent les travaux.

En 1980, alors que les fouilles du village des Graviers sont commencées depuis deux ans, les bulldozers opèrent un premier grand décapage rectangulaire de soixante-dix mètres de large, sur une longueur de près de trois cents mètres. Certains fossés — les moins profonds — disparaissent malheureusement « [...] et s'il y avait des sépultures, elles sont parties dans les déblais [1] ». Le bulldozer met cependant en évidence quatre nouveaux fossés parallèles.

En 1982, une nouvelle campagne de photographies aériennes offre à voir de nouvelles traces. Il apparaît que celles-ci, de plus en plus nombreuses, sont couplées deux à deux, espacées d'une dizaine ou d'une douzaine de mètres. Sur le terrain pourtant, on ne voit rien : le champ de vision est trop réduit et les labours, l'érosion, les dépôts d'alluvions ont effacé les vestiges. Les photographies aériennes, elles, ont conservé la mémoire des « vides ». Elles « voient » les fossés, les poteaux, les paléochenaux. Elles « comprennent » que le site était autrefois entouré d'eau, situé sur une île de la rivière d'environ quatre kilomètres de long. Il faut renforcer l'équipe de fouilleurs.

En 1983, le changement de direction dans les programmes des sociétés d'exploitation exacerbe le désir de rattraper le temps perdu. Un décapage de grande envergure est effectué par les archéologues. Il met en évidence douze fossés parallèles deux à deux. Le premier site fouillé comporte deux fossés d'une longueur de cent douze mètres. La découverte d'une sépulture associée à d'autres traces conduit à la certitude qu'un vaste ensemble de monuments funéraires occupait le centre de l'île, s'allongeant sur plus d'un kilomètre. L'un de ces monuments — gigantesque —, dont la construction fut sans cesse interrompue par les décès

---

1. H. Carré-Sens, *La Sablonnière parcelle ZA 42, campagne 83, Le village danubien (fin), Les structures longues et les sépultures néolithiques* dans *Comptes rendus du sauvetage programmé de Passy 89*, inédit, musée de Sens.

et l'aménagement de sépultures avant même son achève-
ment, s'étend sur près de trois cents mètres de longueur.

À la lecture des photographies aériennes, les archéologues dessinent des structures très longues mais légèrement
trapézoïdales, renflées à leur extrémité. Des allers et retours
effectués entre les images et le terrain, ils déduisent que les
monuments étaient entourés de fossés s'approfondissant et
s'élargissant du côté de l'extrémité renflée. Du côté est, ils
présentent tous, sans exception, une interruption.

Le regard des spécialistes est désormais exercé : les
prospecteurs aériens détectent de nouveaux monuments
dans les vallées du bassin de l'Yonne, systématiquement
situés au voisinage des rivières. Sur le seul site de Passy,
une trentaine de ces doubles traces sont repérées. Deux
sites similaires sont découverts en Normandie, un autre
dans la vallée de la Marne. Ces monuments, parfois très
grands, ne comprennent qu'un très faible nombre de sépultures ; en général, une seule. Les corps y ont été déposés en
position allongée sur le dos, la tête relevée avec un « cous-
sin » peut-être fait de matières périssables. Les mobiliers
funéraires sont relativement pauvres : rares objets de
parure réalisés en matériaux non périssables, armatures de
flèches, « spatules », vases de céramiques. La distribution
des adultes selon leur sexe ne semble pas aléatoire : il exis-
terait des monuments « à hommes » (et enfants), d'autres
« à femmes » (et enfants)[1]. On estime que les monuments
de Passy étaient destinés à des personnages de haut rang.
La pauvreté des mobiliers funéraires ne préjuge en rien de
celle des populations concernées : la fréquence de la céramique sur les sites susceptibles d'avoir été habités contraste
avec celle des sépultures.

Toutes ces pratiques funéraires sont en profonde rupture avec celles qui les ont précédées.

---

1. P. Duhamel, D. Mordant, « Les nécropoles monumentales Cerny
du Bassin Seine-Yonne », *La culture de Cerny. Actes du Colloque international de Nemours, 9-10-11 mai 1994, Mémoires du musée de Préhistoire
d'Ile-de-France* n° 6, 1997.

Les traces nous placent devant un monde énigmatique. Pièces à conviction, elles nous somment de reconstruire un « réel ». Nous poussant à la dissection, elles obligent simultanément au renoncement[1]. Elle sont alors un jeu entre les décapages (involontaires) au bulldozer ou (volontaires) au pinceau. De près, il convient de prêter attention aux documents les plus fins : ceux qui échapperaient à l'image photographique elle-même. Détails abandonnés, ils s'inscrivent sur l'écran du sol. Les objets les plus gros, les plus beaux, n'ouvrent pas toujours la voie aux informations les plus riches. Fait paradoxal : l'absence de trace est une trace. Elle indique l'extérieur d'un village, la présence d'un obstacle gênant les passages, l'emplacement d'un objet sur le sol.

Matériellement réduite à « rien » (une trace), jusqu'à n'être plus rien, la trace provoque l'imagination, invite à la construction d'un monde logique. Et ce « tout » est d'autant plus immense que, précisément, elle n'est rien. Là réside une nouvelle aporie : pour fonctionner pleinement, elle doit rester ténue.

Certes, elle est « la chose même », puisque directement affectée par cette chose. Elle ne ressemble guère, cependant — sinon partiellement —, aux dynamiques qui lui ont donné naissance. Au lieu de jouer le jeu d'une relation simple, bijective et indicielle (chaque objet a une trace, chaque trace, un objet), elle est une métonymie. La question posée à la trace n'est plus, dès lors, celle qui se pose à l'indice. L'indice, fragment matériel de la chose à laquelle il renvoie, questionne la réception de cette chose même. La trace, elle, sollicite l'imagination, la logique et le rêve, par l'insuffisance d'informations qu'elle véhicule : comment passer d'un vestige au tout ? Comment lutter contre la tentation symbolique ; celle qui tend à ériger en exemple le fragment isolé, à transformer l'esquille en civilisation disparue ?

La découverte des monuments de Passy est un bel exem-

---

1. Voir A. Leroi-Gourhan, « Reconstituer le fil de la vie », *Le Fil du temps, Ethnologie et préhistoire 1935-1970*, Paris, Fayard, 1983.

ple de la naissance mesurée d'une lecture, construction d'une trace, résultats d'allers et retours prudents et savants entre la recherche d'indices, leur repérage. Elle est l'installation maîtrisée et gérée d'une image mentale qui doit ralentir les enthousiasmes mais ne peut exister sans eux. Trop précoces, trop précises, les images de l'esprit orienteraient inévitablement. Le professionnalisme consiste à ne pas se satisfaire d'une seule lecture mais à en faire naître de différentes, à diverses échelles ; à retenir l'indice jusqu'à ce que le symbole s'impose comme unique solution. Tant qu'il n'interroge pas les motivations de ceux qui ont eu à brasser tant de terre, le fossé doit rester fossé : il ne convient pas de construire trop vite les monuments.

Pour André Leroi-Gourhan, affirmer par exemple que l'ocre rouge relevé à l'intérieur des habitations dénote d'une symbolique du sang ou constitue un appel à la force vitale est insuffisant. Car tout reste à apprendre. S'agit-il de fragments laissés par des tracés ? de restes écaillés de peintures corporelles ? Construire la trace, c'est aussi délaisser le vestige pour s'intéresser au vide, laisser des « trous dans les hypothèses » ; et finalement, gérer les allers et retours entre ces absences et l'appel de l'image. Construire la trace, c'est s'arracher à la tentation du symbole.

Acquérant une structure, la trace se fait structurante. Elle s'impose comme référence. Le système d'interprétation évolue ainsi. Les stratigraphies verticales complètent ces lectures de l'horizontale. Les tranchées, le décryptage de la page.

En réalité, c'est à l'émergence d'une nouvelle culture originale, dite « du Cerny », que les archéologues du site de Passy ont eu affaire. Ce « Cerny », daté de la seconde moitié du cinquième millénaire avant Jésus-Christ, marque de profonds bouleversements dans l'évolution du néolithique régional. Il se caractérise par des techniques nouvelles de récoltes, de stockage des céréales, de chasse, d'élevage, de fabrication d'objets lithiques ou céramiques, par des modifications dans les circuits d'échange, par le remplacement des habitation danubiennes par des constructions plus légères. Les tombes, par contre, seraient regroupées en nécropoles. D'extension limitée vers le sud cette culture profondément originale aurait été décrite à Guernesey, dans l'Ille-et-Vilaine, en Seine-et-Marne, dans l'Yonne.

Comme le remarque finement Frédéric Lotcho, les archéologues ont longtemps voulu voir dans les sociétés sédentarisées du néolithique la société égalitaire dont ils rêvaient[1]. Les habitants nouvellement sédentarisés auraient tous eu au départ les mêmes maisons, les mêmes tombes, les mêmes parcelles à cultiver, les mêmes chances. Les différences, les hiérarchies, ne seraient nées qu'ensuite. Les tombes des monuments de Passy remettent radicalement en question ces schémas idéaux. Certes, leur mobilier n'est pas riche, mais les symboles de richesses sont déjà nettement visibles. Les tombes d'enfants et de femmes laissent même à penser que l'héritage existait.

Ces traces immenses, ces terrassements énormes seraient la preuve d'une organisation sociale structurée : le grand monument de Passy a nécessité l'extraction de 1 000 mètres cubes de sable et son accumulation en un tertre de 5 mètres de hauteur. Ce gigantisme serait l'expression de nouvelles hiérarchies sociales ; celle d'un pouvoir centralisé. Les monuments seraient aussi destinés à être vus. Ils pourraient marquer les prises de possession territoriales ; les trous à l'entrée ont peut-être reçu de grands mâts signalétiques. La course au gigantisme pourrait être la manifestation d'une concurrence entre différents groupes à une époque où la plupart des territoires sont déjà attribués. Les récoltes, qui commencent à être stockées, deviennent, avec les troupeaux, des richesses à protéger. D'une telle exigence de protection viendraient les pointes de flèches taillées présentes dans les tombes. La propriété serait donc l'une des raisons du gigantisme des monuments.

Ainsi se construisent les traces. Ainsi se fabriquent les lec-

---

1. F. Lotcho, « Les tertres gigantesques du néolithique », *Dossiers de l'archéologie, Archéologue/Archéologie nouvelle*, Paris, Errance, novembre 1996.

tures. La préparation des surfaces — horizontales, mais aussi verticales — est la construction d'un « texte dont il ne faut pas perdre la moindre virgule[1] ». Cette nouvelle page reste à déchiffrer, à traduire. Ainsi circule le regard, de pièce à conviction en pièce à conviction. Quelque chose s'est passé, dont les rapports avec la réalité sont à reconstruire. La surface du sol fonctionne comme le lieu des choix et des engagements.

Le dessin, la photographie en complètent les traces matérielles. Enregistrements, ils se présentent comme de nouveaux textes, aussi paradoxaux que le premier. Comme les traces au sol, ils sont à la fois construits et spontanés. Comme elles, ils guident le regard d'indice en indice ; comme elles, ils sont le lieu de l'engagement.

Le dessin, cependant, fige et incruste. En 1936, les archéologues ont commis une erreur d'interprétation qui a perduré longtemps. Confondant, sur le site de Lindentahl près de Cologne, les fosses d'où était extraite l'argile avec le sol des maisons, ils ont attribué à celles-ci un plan de forme irrégulière, leur accordant un statut de cabane bricolée plus que de véritable maison. Les dessins ont contribué à maintenir pendant près de quarante ans ce « mythe des fonds de cabanes ».

Traces de traces

Le dessin d'archéologie nécessite jusqu'à dix-huit corps de métier différents, de l'architecte responsable de la construction de la mémoire globale d'un site et de ses objets, jusqu'à l'artiste, spécialiste des dessins d'objets lithiques destinés aux publications ; du spécialiste du dessin sur ordinateur à l'aquarelliste. Trace de traces, ce dessin utilise simultanément des codes généraux (jouant le rôle de passeurs, d'échangeurs) et des codes personnels, définis par le dessinateur. Ainsi, les tracés d'impact sur un outil de silex obéissent à des codes généraux tandis que la figura-

---

1. A. Leroi-Gourhan, *ibid.*

tion de la matière même de l'outil — si elle existe — est du ressort du choix personnel du dessinateur. Certains codes en usage aujourd'hui sont directement tributaires des gestes de la gravure au XIXe siècle ; simplement, leur signification a changé. Les rayures parallèles des gravures du XIXe siècle indiquaient les rapports d'ombre et de lumière sur les outils lithiques. Elles conféraient au dessin une impression de relief. Encore utilisées par les dessinateurs contemporains, elles traduisent aujourd'hui en outre la direction de l'impact d'un objet de percussion.

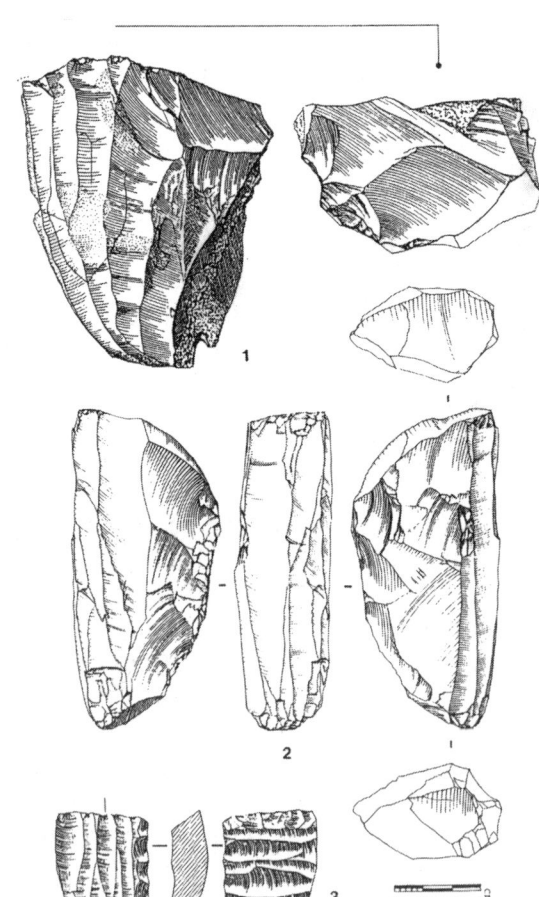

FIGURE 28. — Objets lithiques.

Encre. Planche contemporaine. Les dessins d'objets lithiques doivent rendre compte du geste de leur fabricant. Les hachures parallèles sont dessinées perpendiculairement au choc de l'instrument de percussion. Une telle planche ne peut être réalisée qu'après qu'ont été sélectionnés les objets lithiques dignes d'y figurer, et, pour chacun d'entre eux, la genèse de leur fabrication et l'ordre chronologique de la formation des différents éclats. La responsabilité des dessinateurs collaborateurs des archéologues est donc importante.

Ainsi, le dessin contemporain d'objets lithiques se veut génétique : il ne se limite pas à traduire des formes, mais rend compte des modes de fabrication, de la succession des éclats. Il n'est pas une représentation, mais une interprétation ; une intelligence. Un dessin d'archéologie, par la lenteur même avec laquelle il est réalisé, oblige à comprendre. Là où la photographie, trop rapide, se révélerait impuissante, il organise les hiérarchies entre les éclats successifs. Il rend compte des gestes de fabrication. L'interprétation s'élabore en partie au cours de la réalisation des figures.

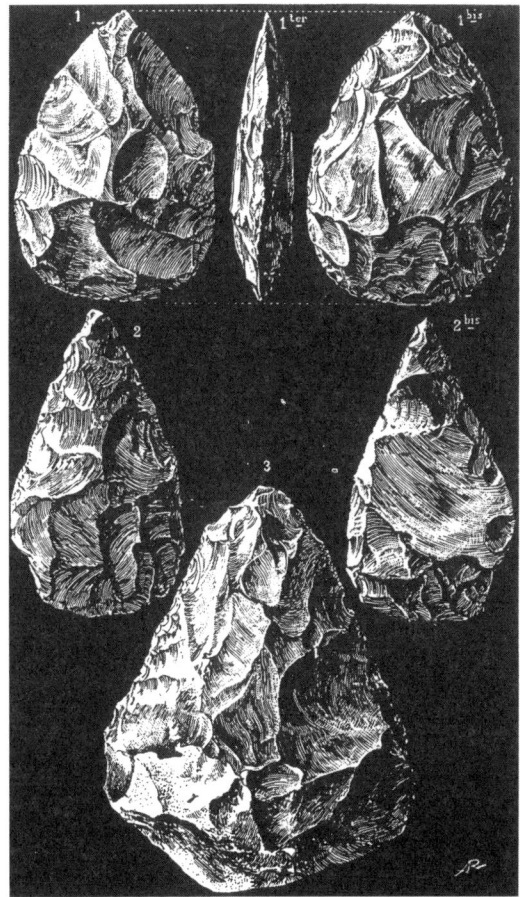

FIGURE 29. — Objets lithiques.

Gravure, XIXᵉ siècle.
Les codes (hachures parallèles) des dessins réalisés par les archéologues contemporains sont directement issus des contraintes de la gravure ancienne et des nécessités de l'édition. Plus les zones à figurer sont sombres, plus les hachures sont serrées. La figuration d'objets lithiques obéit, comme les cartes de géographie, à la règle du « soleil au nord-ouest » et les hachures de la gravure n'ont d'autre rôle ici que de figurer le relief des outils taillés. Ce n'est qu'à l'époque contemporaine qu'elles coderont leur génétique.

Il arrive ainsi que le dessin soit plus riche, « ait compris plus de choses », que la lecture qui en est faite ; le dessinateur ayant concentré là tout un savoir qui peut échapper à un coup d'œil trop rapide. Les ombres, les couleurs, le « coup de crayon », sont donnés de surcroît : l'enchantement qui valorise le travail de recherche est nécessaire à la transmission. Sans lui, l'austérité de travaux approfondis découragerait rapidement lecteurs, financiers et instances de validation.

Les dessins d'outils sont des traces de traces. Et toute image savante a valeur de trace. Premières inscrites sur l'écran vide, elles devancent toute parole. La page appelle l'image, comme le ciel vide préexiste à l'inscription d'une comète. La trace elle-même, comme une image, n'existe que par la maîtrise du décryptage, par cette lecture que, nécessairement, elle implique. Bois de rennes rayés, escargotières abandonnées, la trace crie non seulement : « quelque chose a passé là ! », mais encore, « quelque chose s'est passé là ! » et plus l'inscription est précise, plus le mystère est grand. Elle se lit alors comme une histoire, le récit d'un drame, d'un événement : celui du cours ordinaire des choses. Matérielle, elle a enfermé le temps.

Comme une trace, l'image savante est une tension vers l'ailleurs. Elle est ce reste visible, ténu, matériel, imparfait, de l'interaction entre deux choses : la neige et le lièvre, le papier et le geste de la main, la roue et le bitume. En elle-même, elle ne signifie rien et n'a de sens que par ce renvoi à une chose à laquelle elle ne ressemble pas, mais dont elle est née. Mais aussi, elle n'est pas la même si elle se marque dans le sable ou s'inscrit dans le marbre ; si elle se grave dans le bois ou sur le cuivre. La trace partage avec l'image ces liens avec la vie. Non seulement, elles renvoient à ce qui s'est passé, mais encore, elles facilitent l'anticipation. Prévisions, c'est en ouvrant vers l'avenir qu'elles construisent le passé.

Chapitre XXI

PHOTOGRAPHIES CALCULÉES

Trous noirs, 1990

L'existence des trous noirs est incertaine. Et même si les trous noirs existaient, ils resteraient invisibles. Comment pourraient-ils avoir une image ?

Comment pourrions-nous même déceler leur présence, sachant que, zones de l'espace-temps de gravitation extrême, ils ne laissent rien échapper pas même la lumière. Uniques en leur genre, ils sont les seuls objets connus qui ne transmettent rien. Ne renvoyant aucune lumière, ils ne transmettent aucune information, pas même d'information sur leur propre existence.

Créer l'image d'un trou noir est un défi. Suffisant pour mobiliser des chercheurs qui peinent à imaginer l'objet de leurs travaux. Que se passerait-il, que verrions-nous si nous pouvions nous approcher d'un trou noir muni d'un appareil de prise de vue ? Quelles photographies rapporterions-nous d'un tel voyage dans l'espace ? Les savoirs scientifiques usent de fictions : imaginer des choses impossibles facilite la mise en œuvre de connaissances rationnelles. Les « Que se passerait-il si... ? », les « Et si nous nous transportions dans un monde régi par d'autres lois que les nôtres ? », font pleinement partie des constructions scientifiques. Raisonner sur du faux peut conduire au vrai. Nous ne savons pas si les trous noirs existent. S'ils existaient, nous ne pourrions pas les voir. Il y a, en outre, de grandes chances que le voyage soit à jamais rendu impossible. Pourtant, fabriquer de fausses photographies de trous noirs ne revêt pas seulement un caractère ludique.

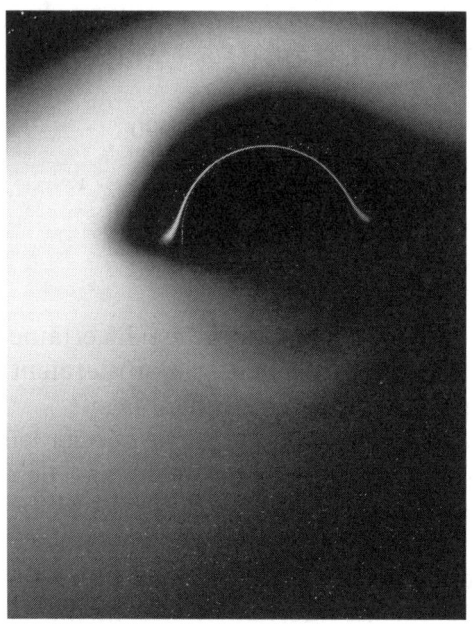

FIGURE 30. — Trou noir.
« Photographie calculée. »
Image extraite de la série Jean-Alain Marck, Voyage d'un astronaute intrépide
en direction d'un trou noir, 1991.
Image numérique d'un trou noir et de son disque d'accrétion.
Cette image résulte d'une expérience de pensée. À supposer que les trous noirs existent, il serait impossible de les photographier puisqu'ils ne laissent, par définition, échapper aucun rayon lumineux. Cependant, la présence d'un trou noir peut être visualisée grâce au disque de particules chaudes et lumineuses qui l'entoure.
Les parties les plus lumineuses et les plus chaudes du disque de particules entourant le trou noir apparaissent ici en clair sur la gauche de l'image (en jaune sur l'image originale) ; les zones les plus froides en sombre, sur la droite de l'image (en rouge sur l'image originale). La dissymétrie apparente du disque est liée à l'effet Doppler : à gauche, les particules du disque, en rotation autour du trou noir, se rapprochent de l'observateur et paraissent donc plus lumineuses.
À droite, elles s'en éloignent et semblent plus sombres.
La lumière émise et réfléchie par ce disque d'accrétion suit des trajets originaux de plus en plus incurvés au fur et à mesure qu'elle se rapproche du trou noir et que s'accroît la gravitation. Ainsi naissent des images indirectes du disque d'accrétion : l'arc lumineux qui semble couronner le trou noir en est un exemple.

Le désir d'image est vif : la science dont l'activité principale pourrait bien être de porter au visible les invisibles, et qui s'identifie avec ces visibilités, ne pouvait rester trop longtemps sans images de ces objets décrits par les équations de la relativité générale. L'usage de l'ordinateur, permettant de calculer chaque point d'une image à partir des lois qui régissent la description des trous noirs a suscité l'espoir d'une réponse aux désirs de voir. Ainsi, donc, après les images numériques créées par Jean-Pierre Luminet en 1990, l'astrophysicien Jean-Alain Marck a entrepris la mise en images d'un voyage en direction d'un trou noir.

Un trou noir est, certes, invisible, mais autour de lui gravitent des gaz chauds et lumineux qui permettraient de déceler sa présence éventuelle. La visualisation d'un trou noir passe ainsi par celle de son proche voisinage. Ces gaz, animés de mouvements spirales, forment autour de lui un disque plat — le disque d'accrétion : les anneaux de la planète Saturne donnent une idée approximative de la forme que ce dernier pourrait revêtir. Le disque d'accrétion est figuré en jaune, orangé, rouge. Le trou noir lui-même est la zone extrêmement sombre, au centre du disque. Le calcul de l'image a pris en compte la déformation de l'espace-temps provoquée par la présence de cette zone de très forte gravitation. Ainsi, la lumière émise par les particules des gaz du disque est amplement déviée au voisinage du trou noir. Certains rayons lumineux effectuent même plusieurs tours avant de pénétrer à l'intérieur de la zone de forte gravitation. Ces aberrations conduisent à des « illusions visuelles ».

Pour un observateur situé « au voisinage d'un trou noir », les objets possèdent non seulement une image principale, mais aussi des images secondaires ou tertiaires. Ainsi, l'arc fin au voisinage immédiat du trou noir est une image secondaire du disque d'accrétion dont l'image principale est parfaitement visible. Lorsqu'il est vu de loin, ce disque apparaît muni de deux poignées, l'une « inférieure », l'autre « supérieure », qui sont en réalité deux images de

« la partie arrière « cachée » du disque. Les étoiles elles-mêmes peuvent posséder deux ou trois images différentes. Le calcul les a pris en compte mais dans un ciel étoilé dont tous les objets se présentent sous la forme de points lumineux sensiblement identiques, il est bien difficile pour nous de déceler les images secondaires, tertiaires d'une même étoile.

Cette image d'un trou noir entouré de son disque d'accrétion est extraite d'une séquence animée numérique dans laquelle le spectateur, celui qui regarde le « film », est le voyageur de l'espace lui-même. Ce voyageur (qui n'apparaît ainsi jamais à l'image) s'approche du trou noir jusqu'à pénétrer à l'intérieur. Les images, « filmées » en caméra subjective, mettent en œuvre les caractères d'une fiction cinématographique.

Une lecture approfondie de ces images révèle leur inconscient. Ces images d'un voyage sans fin obéissent aux lois de la perspective centrale albertienne, choisissent les plein-cadres, usent de couleurs de bandes dessinées. Le « réel », à supposer que celui-ci existe, ne s'y livre guère. Pis encore, à l'analyse, il est clair qu'entre la photographie qui serait prise par un « vrai » voyageur de l'espace et cette image numérique existent de profondes différences. Des choix ont dû être effectués, des hypothèses avancées : le trou noir est assimilé à un corps noir, la répartition des étoiles dans le ciel est fictive, quoique calculée. Certains paramètres, telle la couleur du ciel, ont été sélectionnés dans le seul but de rendre l'image lisible. Car l'explication n'est pas un exutoire des construction scientifiques, elle en est l'une des composantes essentielles.

Pour nous, ces images dites « calculées » — mais qui se révèlent à l'analyse riches de choix personnels et culturels — offrent accès aux regards que portent les chercheurs sur le monde, bien mieux que ne le font les communications écrites parfaitement codées. Fruits d'investissements tant publics que privés, elles sont « signées », quoique sans signature matérialisée. « Images-calculs », elles n'hésitent pas cependant à afficher une parfaite neutralité. Pour nous elles portent simultanément les marques de l'arbitraire et du raisonné, du hasard et du prévu. Que se passe-t-il lorsqu'un chercheur crée une image, lorsqu'il déplace la pensée vers un champ visuel ? Quelle nouveauté produit-il ? Que calcule-t-il lorsqu'il sait par avance que ses images sortiront de la communauté scientifique pour atteindre un large public ? Quelles traces laisse dans les images mêmes une telle expérience qui se veut officiellement mathématique, mais revêt aussi des caractères esthétiques et sociaux ?

Peu importe cependant que ces images miment ou non leur objet qu'elles soient ou non parfaitement « exactes ». Elles sont des « modèles » dont le processus de fabrication est plus important que la forme. La construction de tels modèles permet en effet de comprendre, par des allers et retours entre les images et la mathématique, le fonctionnement des zones de forte gravitation nées, par exemple, de l'effondrement des étoiles.

Il est possible de faire resurgir les dimensions biographiques, historiques, sociologiques, le poids même des fabrications de ces images savantes. Images-calculs clamant leur objectivité, elles possèdent des caractères stylistiques, esthétiques, restent liées à un auteur, une pensée de référence, des outils. Portant les traces de leur propre fabrication, elles sont riches d'artefacts. Marquées par les dispositifs de production et de réception qui sont les leurs, fruit d'une organisation matérielle, elles sont localisées et datées. Quoi qu'affirment leurs discours d'escorte, elles n'échappent pas au *hic et nunc*.

Fruit de nos cultures occidentales, le *Voyage vers un trou noir* comble un vide dans nos abécédaires illustrés. Ses images risquent fort d'acquérir le statut de référence visuelle. Si un trou noir « ne transmet rien », elles, réactivent mythes et imaginaires.

La science, en effet, est une grande productrice de fictions. Gottlob Frege affirmait pourtant les incompatibilités entre science et fiction : « Il ne suffit pas à la science qu'une phrase ait un sens ; elle doit avoir une valeur de vérité que nous appelons dénotation. Si une phrase a un sens, mais pas de dénotation, elle appartient à la fiction mais pas à la science. »

Certes, la seule vue d'une image reconnue comme « scientifique » suscite un intérêt spontané pour la dénotation. Le « Qu'est-ce que c'est ? » et le « Comment ? » des spectateurs caractérisent ainsi les productions scientifiques. Leurs « Qui ? » et leurs « Quand », les productions artistiques. Mais les dispositifs de diffusion, de réception des images sont, dans une large mesure, responsables de leur statut. Si ces images numériques étaient exposées dans une galerie d'art, les questions du « Qui ? » et du « Quand ? » surgiraient plus rapidement que celles du « Quoi ? » et du « Comment ? ».

La valeur documentaire ou fictionnelle de ces images naît de même de l'exercice de leur lecture. S'emparant des outils de la narration, des codes cinématographiques, recréant une véritable diégèse, elles appartiennent au domaine de la fiction. Nous les lisons alors dans une pensée du champ et du hors champ : ce qui est hors l'image, que nous ne voyons pas, mais que nous imaginons, est l'univers entier, ses étoiles, ses galaxies.

Une lecture documentaire prendrait, elle, en compte, non plus le champ et le hors champ, mais le cadre et le hors cadre. Ce qui est hors l'image, que nous ne voyons pas mais que nous imaginons, est, cette fois l'auteur et ses calculs, ses terminaux d'ordinateur ou, plus naïvement, l'auteur et son appareil de prise de vue.

Une image savante réaliste peut être lue ainsi, au choix, comme fiction ou comme document, par un simple exercice du regard qui consiste à basculer du hors champ vers le hors cadre : d'un ailleurs logiquement construit aux réalités de la fabrication.

Ces images sombres de fin sont le pendant de l'œuf bleu et rose des débuts créé par le satellite COBE. Les trous noirs naissent de la mort des étoiles ; les mythes dans lesquels ils s'enracinent et auxquels les ordinateurs redonnent une vigueur nouvelle sont ceux de la chute sans fin d'Icare, ceux d'un soleil noir, ennemi de nos soleils d'or. « Nous passions à travers les royaumes terrifiants des mondes en formation où un corps solaire obscur, infini de plomb, engloutissait des flammes et des soleils, sans en devenir plus lumineux », écrivait Jean-Paul. Abîmes sans fond aux attirances inéluctables, vieux capitaines, les trous noirs invitent aux voyages. Gigantesques maelströms cosmiques engloutissant tout et ne laissant rien échapper, ils effraient, terrorisent même, sans jamais pourtant laisser planer de menace immédiates. Ils restent, pour les scientifiques comme pour les non-spécialistes, les enjeux magnifiques d'une fiction qui ne vous saisit d'effroi que le temps d'un film.

Chapitre XXII

IMAGERIES DU CORPS

Échographies, 1997

Un corps inouï

Depuis l'invention de la radiographie, le regard médical pénètre à l'intérieur du corps vivant, sollicite l'aide de machines qui « voient » mieux que nous ne pourrions voir. Et nous savons désormais — depuis la télé-opération à cœur ouvert réalisée en première mondiale à l'hôpital Broussais au mois de mai 1998 — que nous sommes susceptibles d'être « agis », opérés à distance par un chirurgien qui nous observe d'un lieu dont nous ignorons tout. Tout change. Non seulement le corps, l'image que nous avons de nous-mêmes mais aussi les hiérarchies médicales, les institutions, les responsabilités. Non seulement la médecine, mais aussi la maladie.

L'imagerie médicale n'est pas à situer sur le même rang que celle de la planète Mars ou celle du *big bang*. Lorsque nous regardons nos propres radiographies, nous n'observons pas un corps que nous habitons, nous *sommes* ce corps que nous observons. La distance entre le « peu » matériel de l'image et la puissance potentielle de son impact devient ici très importante : une image fait tant ! Mal diffusée, mal lue, mal présentée, ou pis, immaîtrisée, une image médicale peut bouleverser une vie. Cet écart entre sa production machinique et l'impact affectif de la lecture est à prendre en compte : une image en effet n'est jamais un certificat de bonne santé. Au mieux, elle assure qu'il n'y a rien à voir. Elle montre certes des évolutions positives mais elle tire surtout ses triomphes d'une aptitude à rendre visibles les pathologies, parfois avant même l'apparition de tout symptôme.

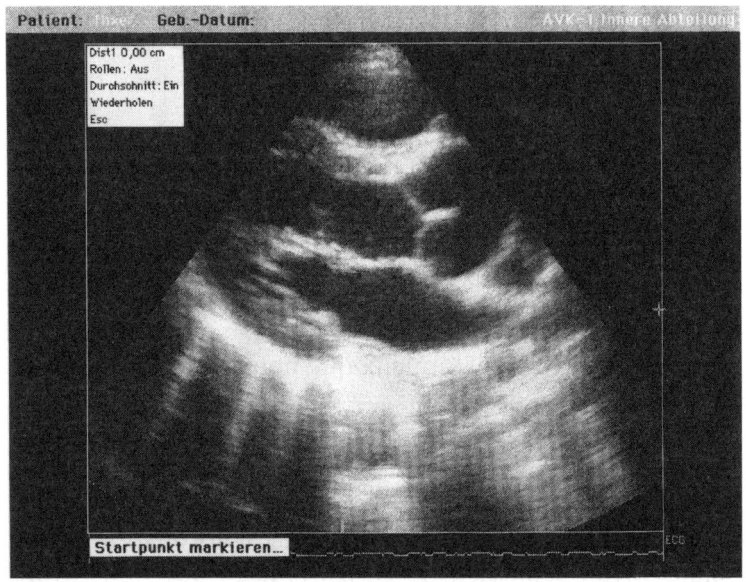

FIGURE 32. — Échographie cardiaque.
Mariam Manni, 1998.

Les machines à images de la médecine produisent chaque jour, en France, près de dix millions d'images de nos corps biologiques. On ne fait plus venir *à l'occasion* l'appareil de prise de vue : c'est le malade qui attend dans le couloir la disponibilité de la machine.

On « photographie » d'abord. On observe, on écoute, on diagnostique ensuite : l'abus d'imagerie est indice d'une médecine de criblage. Les corps qui s'inventent là — tant biologiques qu'institués — sont inouïs.

Jusqu'à la fin des années 1960, la radiographie était la principale source d'images médicales. Aujourd'hui, l'imagerie partage ses performances entre quatre ou cinq types techniques principaux mettant chacun en œuvre des machines spécifiques : la radiologie, l'échographie, la scanographie, l'imagerie par résonance magnétique nucléaire, la médecine nucléaire. L'endoscopie facilite en outre l'observation directe, par l'introduction d'une caméra miniature dans les organes creux du corps. La plus ancienne de ces techniques, la radiologie, constitue encore près de 70 % des actes médicaux d'imagerie.

L'optimisation des examens hospitaliers passe par celle des machines de vision. Nous nous transformons peu à peu en assemblages de dur et de mou, en compositions savantes de liquides, de solides et de gaz. Les organes sont regroupés en fonction de leur aptitude à « créer image », générant de nouvelles classifications. Au chapitre des liquides : le sang, les humeurs, l'urine, le liquide céphalorachidien. Au chapitre des organes pleins : les os, le foie, la rate, le cerveau. Au chapitre des organes creux : les vaisseaux, les fosses nasales, le tube digestif. Au chapitre des gaz : l'air intra-pulmonaire, l'air du tube digestif, celui des sinus et des fosses nasales.

Seront dirigés vers la radiographie : les mains (interfaces entre l'os et les tissus mous), les poumons (interfaces entre l'air et les tissus mous), les cavités nasales (interfaces entre l'air et l'os). Vers l'échographie : les squelettes et les poumons (non composés majoritairement d'air et d'os). Vers le scanner : les cerveaux, et de nouveau les poumons (non lisibles par échographie), les premiers entourés d'os, les seconds contenant de l'air. Vers l'imagerie par résonance magnétique nucléaire : les cerveaux, systèmes nerveux, coudes, genoux, hanches (organes pleins, opaques). La médecine nucléaire, enfin, facilite le suivi du cheminement et du devenir d'un produit légèrement radioactif injecté dans l'organe étudié.

Les prescriptions de ces examens d'images sont en pleine expansion ; l'éventail des indications ne cesse de croître.

Une médecine au dépourvu

On reprochait déjà aux images photographiques de fonctionner en substituts agréables et muets d'un malade qui souffre et se plaint. Mais l'imagerie contemporaine est d'une autre ampleur : elle met en œuvre des machines lourdes, coûteuses, complexes qui, voyant mieux que nous, autre chose, s'installent en substituts de l'observation. Paradoxalement, cette médecine de l'image, ses regards outillés, prend encore largement appui sur les séméiologies d'une médecine qui l'a précédée : celle de l'observation directe, de la parole et du toucher. Pourtant, que serait aujourd'hui un médecin sans ordinateur, sans prescription de radiographie ou, mieux, de résonance magnétique nucléaire ?

Dans une médecine où les machines à images s'installent entre le médecin et le malade, les relations de l'un à l'autre revêtent des caractères nouveaux. Hippocrate insistait autrefois sur l'importance de la seule présence du médecin dans la chambre du patient : « En entrant, rappelez-vous la manière de s'asseoir, la réserve, l'habillement, la gravité, la brièveté du langage, le sang-froid qui ne se trouble pas, [...] la réponse aux objections, la possession de soi-même sans les perturbations qui surviennent, la sévérité à réprimer ce qui trouble, la bonne volonté pour ce qui reste à faire [...]. » Henri Mondor rappelait, lui, aux médecins des années 1950 que le diagnostic clinique est en lui-même un apaisement. Le palper n'est pas seulement une lecture, mais aussi — déjà — un soulagement. « Autant la vue d'une main inexperte, gourde, brusque, est pénible et annonce un examen sans profit, autant c'est un spectacle heureux que celui de deux mains douces, intelligemment dirigées, adroites, progressant dans la découverte, suggérant confiance au malade, instruisant l'entourage. [...] La vue des dix doigts à la recherche d'une vérité si grave et parvenant à découvrir à force de patience exploratoire et de talents tactiles, est l'un des moments où la grandeur de notre profession apparaît. » La revendication d'une proximité du médecin ne signifie pas que toute distance doit être abolie : le succès de la médecine anatomo-clinique vient aussi de la transformation du corps en objet du regard et du toucher.

L'afflux contemporain des images prend au dépourvu. La situation est trop neuve. Que dire au malade lorsque l'image montre d'évidence la tumeur ? Comment parler lorsque l'on n'est pas sûr d'avoir bien vu ? Qu'affirmer lorsque le malade croit que l'image montre tout ? Confrontés aux images écrans de la résonance magnétique nucléaire ou de l'échographie, les médecins n'ont d'autre choix que celui des paroles maîtrisées abandonnant tout affect, toute affirmation du sujet. L'image qui s'affiche sur l'écran est décrite en termes sobres, les terminologies descriptives sont de rigueur ; les discours neutres ont un pouvoir apaisant, mais aussi — pour le médecin — déresponsabilisant. Deux logiques, pourtant, s'affrontent. Pour le malade, celle du tout lisible et de la preuve. Pour le médecin, celle de la trace, de ses incertitudes.

Dès lors, comment affirmer le « rien ! » ? L'image écran, qui montre, mais aussi cache, se révèle inapte à dire la bonne santé. Que sait en effet le médecin de ce qu'il ne voit pas ? L'imagerie médicale relègue les critères de bonne santé dans des horizons inatteignables. L'examen clinique avait un début, une fin, un déroulement, des méthodes. L'imagerie, elle, ouvre la voie d'un inachèvement. Tout devient potentiellement visible ; tout ce qui est vu doit être guéri et l'on sait désormais que l'on ne pourra jamais tout voir. Que penser d'une médecine qui produirait des images colorées de ruptures d'anévrismes mais resterait incapable de les prévenir, les soigner, les guérir ? Le paisible et rassurant « Il n'y a rien » du médecin de famille est remplacé par le « je ne vois rien » d'un spécialiste aux prises avec les incertitudes d'un écran. Le « Il n'y a rien » contenait pourtant en germe les premiers pas d'une guérison.

Une allure de science

L'échographie — et l'échographie cardiaque en particulier — est l'une des techniques d'imagerie qui nécessitent le plus de compétences. La description d'un cœur se doit d'être dynamique : elle exige le temps réel. Il convient ainsi, à partir de l'image, non seulement de décrire des formes sensiblement variables d'un individu à l'autre, mais encore d'évaluer des débits sanguins, des mouvements de segments, des variations de volume, l'état des ventricules, celui des valves. Cette lecture dynamique est rendue d'autant plus délicate que l'échographie cardiaque n'offre à lire que des sections d'un organe en trois dimensions au fonctionnement particulièrement complexe. L'image qui s'affiche doit ainsi être restituée mentalement dans l'ensemble de la topographie cardiaque. Seule l'expérience permet, par exemple, de savoir si la coupe proposée passe ou non par l'apex de l'organe. Or, les coronarites sont souvent localisées à l'extrémité inférieure du cœur. Une mauvaise lecture accompagnée d'une trop grande sûreté de soi peuvent conduire à ignorer un anévrisme gravissime. Il y a danger de mort à ne pas douter de la lecture d'une image.

Les machineries confèrent à la médecine des allures de science exacte. Rien ne sert pourtant d'évoluer vers de telles certitudes d'apparence : une médecine « scientifique » parfaitement rigoureuse, qui se cacherait derrière des lois, des descriptions objectives et des quantifications ou se limiterait aux diagnostics *on line* ne serait pas efficace. Confondant le symptôme — exprimé par le récit du malade — avec le signe — perçu par le médecin lors d'une observation, d'une palpation, d'une lecture d'images —, elle ne serait plus apte à soulager la douleur. Nommer la maladie n'est pas calmer la douleur. Car la douleur de l'un n'est pas la douleur de l'autre et le signe « qui se voit » ne rejoint pas toujours le symptôme « qui se raconte ». L'un souffre sans

signe pathologique. L'autre présente des signes pathologiques dont il ne souffre pas[1]. Belle, pratique, prestigieuse,
objet d'enjeux économiques ou institutionnels, l'imagerie
contemporaine peut conduire à valoriser le signe au détriment du symptôme.

Le récit du patient, pourtant, conduit parfois plus vite
que l'imagerie au diagnostic. Le récit d'une sensation de feu
derrière le sternum, une oppression à la suite d'un grand
froid ou après un exercice, orientent rapidement le diagnostic vers une sténose des coronaires.

Quand la médecine du visible remplace celle du dialogue, l'écoute s'affaiblit. Entendre pleinement les propos
du malade requiert une immense attention quand même
les « poum » et les « tac » ne sont plus reçus.

L'image, objet d'émerveillement pour les uns, est pour
les autres source d'angoisse. Face à l'image de leur cœur
qui bat dans un jeu complexe de valvules et de cavités, les
patients s'étonnent : la machine apparaît plus sophistiquée
qu'ils ne l'avaient imaginée. Confrontés aux images d'un
corps abîmé, ils sont pris de remords : « Si j'avais su... »
L'imagerie révèle l'ampleur dramatique des transformations inéluctables là où l'on n'imaginait autrefois qu'un
intérieur intact même si la surface se ridait.

L'imagerie dévoile, sans grand respect pour le droit de
ne pas voir. La femme enceinte y perd ses rêves, toujours
plus beaux qu'une image entachée de bruit. Confrontée aux
espoirs d'avenir, l'image se révèle toujours d'une cruelle
pauvreté. Mais voici que l'on voit. Voici qu'on *le* voit. Ce
n'est plus la mère que l'on écoute, c'est la machine que l'on
regarde. Les partisans des substitutions d'un invisible par
une image ont peut-être trop tôt crié victoire ; l'enfant,
réduit à des différences de densité, est-il investi des mêmes
rêves d'adultes[2] ? Et cependant, *lui*, à peine conçu, prend

---

1. J.-C. Sournia, *Histoire du diagnostic en médecine*, Paris, Éditions de Santé, 1995.
2. M. Fellous, *La Première Image*, Paris, Nathan, 1991.

place dans l'album de famille. On lui donne un nom. La machine échographique bouscule les règles éthiques et juridiques : à qui appartient le fœtus quand son image circule dans l'espace public ? Qui a pouvoir sur lui lorsque surgissent les désaccords ? Le père, la mère, les médecins, que la moindre anomalie place face à de terribles dilemmes ? Qui endosse les responsabilités de la décision concernant un être d'image ?

Les ouvrages de médecine limitent leurs explications aux variations de gris.

Pourtant, une simple image a suffi. Au-delà, les bousculades symboliques sont considérables. Il devient difficile de naître en Europe occidentale sans être déjà passé sous une pluie d'ultrasons. De la réception des images, mélange indescriptible de plaisir et d'inquiétude, ne seront conservés que les bruits émerveillés. Bien avant la naissance, le miracle échographique atténuerait déjà la jalousie des aînés, l'irresponsabilité des pères, l'inattention des directeurs.

Au XIXᵉ siècle, la photographie médicale nous avait transformés en apparences, en surfaces signifiantes, en mouvements et en gestuelles ; elle avait vidé l'intérieur au profit des surfaces, abandonné le détail pour la vue d'ensemble, aiguisé le regard clinique. Elle avait renforcé simultanément la médecine du « voir » et celle du « toucher », relégué au loin celle de l'écoute et de la parole. En attirant l'attention sur le symptôme visible, elle avait placé des obstacles, des écrans, sur les voies de la recherche des causes anatomiques. L'imagerie contemporaine, elle, abandonne l'enveloppe pour les organes internes ; la vue externe pour les coupes sagittales, le réalisme pour l'abstraction, la présence pour la distance et, chaque fois qu'elle le peut, l'image fixe pour le mouvement, le temps différé pour le temps réel.

Sur les gravures de la Renaissance, le médecin figurait à côté d'un cadavre disséqué. Sur les daguerréotypes et les premières photographies, il posait à côté des patients anesthésiés. Il triomphe aujourd'hui dans les quotidiens ou sur les écrans télévisuels, à côté d'un « robot manipulé par ordinateur ». Le malade a disparu de l'image ; il est plus loin, au-delà.

Chapitre XXIII

LA MONDIALISATION DU REGARD

Pathfinder, 1997

Les inscriptions de Schiaparelli

Il y a un siècle, des « frères à connaître [1] » peuplaient encore la planète Mars. Ils n'étaient point des âmes sans corps ou des corps sans âmes, mais des êtres agissant, pensant, raisonnant, vivant en société, en famille, associés en nations, élevant des villes et conquérant les arts. Leurs sens de la vue et de l'ouïe n'offraient pas de différences essentielles avec les nôtres et si nous avions pu passer un jour non loin de leurs demeures, peut-être nous serions-nous arrêtés, charmés par l'écho de mélodieux accords.

Mars est propice aux constructions fantastiques. Après la lune, elle est le corps céleste qui s'approche le plus de la Terre. Son jour a la même durée ; son axe de rotation, la même inclinaison que celui de notre planète. Son année est deux fois plus longue. Tous les quarante-sept ans, peut avoir lieu une observation de qualité exceptionnelle. Tous les quinze ans, une observation de bonne qualité. Tous les sept cent quatre-vingts jours, une observation de qualité correcte. Hors de ces positions périhéliques exceptionnelles, l'observation à l'aide d'une lunette de qualité moyenne est

---

1. C. Flammarion, *Astronomie populaire*, 1880.

FIGURE 31. — Planète Mars, vallée d'Ares.
Nasa, juillet 1997.
Au premier plan, la sonde Mars Pathfinder a dégonflé ses coussins, déployé ses rampes et activé sa caméra. Au second plan, le petit robot Sojourner s'approche d'un caillou à une vitesse de 1 centimètre par seconde.
L'image est une mosaïque reconstituée par ordinateur.

hasardeuse. Ces opportunités trop rares ont favorisé les attentes fiévreuses, les récits exaltés, les conclusions hâtivement tirées. La confiance placée dans les outils techniques de l'observation, lunettes, télescopes ou sondes, a contribué à l'émergence d'une succession de planètes Mars dont les images des surfaces rocailleuses transmises par la sonde Pathfinder sont le dernier avatar. On ne fabrique pas la même planète si l'on regarde Mars à l'œil nu, si on l'observe à l'aide d'une optique médiocre ou si l'on envoie un robot muni de capteurs courir à sa surface. Les systèmes techniques de l'observation, ceux de la production d'images qui leur sont associés, structurent les savoirs et dirigent les imaginaires.

Mars ne peut être inhabitée. Pour Fontenelle, le prétendre est aussi absurde que d'affirmer que la ville de Saint-Denis est vide de toute présence parce qu'un bourgeois installé au sommet des tours de Notre-Dame n'en aurait pas vu les habitants. Ne peut-on pas imaginer que de grands oiseaux lumineux semblables à ceux qui, en Amérique, permettent de lire la nuit, peuplent sa surface, tout en éclairant

sa nuit d'un jour nouveau ? Mars, en effet, semble ne posséder aucun satellite susceptible de l'éclairer. Or, une planète ne peut traverser sans lumière l'opacité d'une nuit totale.

En réalité, les *Entretiens sur la pluralité des mondes* publiés en 1686 sont une opération de décentrage. L'humour de Fontenelle s'appuie sur les théories coperniciennes pour déstabiliser de son socle la doctrine chrétienne : pour lui, les êtres terrestres n'ont pas le monopole du centre. La chose est aisée : en cette fin de XVIIᵉ siècle, l'imperfection des lunettes astronomiques laisse l'imagination libre de peupler de lumières Mars la floue, la sanglante et la guerrière.

Il faut attendre le 5 septembre 1877 pour bénéficier simultanément d'instruments optiques de qualité et de conditions d'observation favorables. La lunette de 26 pouces de l'astronome Asph Hall dote Mars de deux petites lunes. Le fait est important. L'absence de satellite gênait considérablement les partisans d'une pluralité des mondes. La Terre possédait un satellite et elle était peuplée ; pour être habitée, Mars devait ressembler à la Terre et posséder un satellite.

Ce 5 septembre 1877, l'Italien Schiaparelli, astronome de haute réputation, entreprend de dresser une cartographie martienne. Pour dessiner, il faut trancher dans le flou : décrire et nommer, installer des certitudes. Mars se réduit à un système de taches ; peu importe, l'analogie avec la lune aux dessins nets invite à nommer les zones claires *mare* (mers) et les zones sombres, *terrae* (continents). Le ciel est un écran sur lequel s'inscrivent les textes de la nature. Cet écran cache et révèle à la fois. Les astronomes, levant la tête vers Mars, y lisent le texte d'un invisible. Le trait précis remplace les flous des contours, les contrastes vigoureux se substituent aux variations de gris. Intimement lié tant au sujet qu'à l'objet, il naît sous l'effet d'une lecture.

En 1867, dix ans avant la périhélie de 1877, l'astronome Proctor avait publié une carte de Mars d'une surprenante analogie avec la Terre. Les formes avaient déjà perdu leurs incertitudes.

La photographie semble alors d'une piètre utilité : on lui préfère le dessin. Ses images n'ont pas fourni l'inattendu espéré : trop petites, elles n'offraient rien à voir qui ne s'observât déjà à la lunette. Les astronomes manipulent certes la photographie dès les années 1840, mais l'imperfection des images, leur faible stabilité, freine leur utilisation scientifique jusque dans les dernières années du XIXᵉ siècle. Bien plus qu'une constatation, la déclaration effectuée en 1879 par l'astronome Jules Janssen, « La photographie est la véritable rétine du savant », est un manifeste destiné à affirmer la légitimité scientifique d'une photographie qui batifole plutôt du côté des arts ou des industries.

En 1877, Schiaparelli ne photographie pas ; il dessine. Outre les terres et les mers, les lacs et les sinus, il trace de longues lignes sombres qu'il nomme *canali* (bras de mer). Les astronomes français s'empressent de traduire ce mot par *canaux*. La précision de la carte fonctionne comme désignation, renvoi direct aux choses, invitation à voir. Et les astronomes voient ! En deux ans ils découvrent de nombreux canaux finement tracés, se croisant en des carrefours occupés par des *lacs* et des *fontaines*. La large diffusion de la carte de Schiaparelli en accroît le nombre de jour en jour. Commence à poindre l'histoire d'un extraordinaire mal-voir collectif : Mars évolue en un quadrillage haute-

ment structuré de canaux que l'imagination remplit logiquement d'eau à ras bord.

Schiaparelli a fabriqué des traces. La confiance accordée aux nouvelles lunettes d'observation, notamment celles
de l'opticien allemand John von Fraunhofer, instruit la
construction de telles archéologies. Aux canaux nés de la
carte correspondent désormais des canaux sillonnant la
planète.

Mars prend des couleurs. Des taches vertes et bleues
virant de temps à autre au carmin, au lilas, au brun, interfè-
rent avec les moires rouges ou jaunes. Fluctuantes, elles ne
peuvent qu'être la trace d'organismes sujets aux variations
de lumière et de température. Riche en eau, la planète est
douée de vie. Les déserts sur lesquels se braquent toutes les
lunettes du monde s'enrichissent d'oasis. Le directeur de
l'Observatoire de Lyon modère les pulsions scopiques :
étant donné la largeur minimale que doivent posséder les
canaux pour être aperçus, s'ils étaient aussi nombreux que
l'affirment les astronomes, leur surface dépasserait celle de
la Terre. En 1888, Schiaparelli annonce que leur tracé n'est
pas simple, mais double. Les deux voies parallèles sont dis-
tantes de deux cents à trois cents mètres, leur longueur
atteint quatre à cinq mille kilomètres. Leur origine naturelle est remise en question. L'opinion publique est bouleversée : imaginons que les habitants de Vénus observent la
Terre à l'aide de télescopes, ne commettraient-ils pas une
profonde erreur en attribuant un statut géologique à nos
voies de chemin de fer ? Sans aucun doute, la planète est
habitée par des Martiens à la puissante intelligence. Ces
hommes-là nous dépassent : les travaux gigantesques qu'ils
conduisent chez eux « font les plus grands honneurs au
corps des Ponts et Chaussées de la planète voisine[1] ».

En 1894, l'astronome américain Percival Lowell, profondément marqué par les images de Schiaparelli, fait passer à lui seul le nombre des canaux de soixante-dix-neuf à

---

1. L. Rudeaux, *Sur les autres mondes*, Larousse, s.d.

deux cents. Délaissant le modèle européen du chemin de fer, il opte résolument pour le réseau d'irrigation. Dans son grand laboratoire des hauteurs de Mars Hill, près de Boston, il développe ses théories sur les vies extraterrestres. Pour les astronomes, la planète Mars acquiert des allures de Sud-Ouest américain : en voie de désertification, elle s'assèche. Ses habitants, sublimes mais assoiffés, creusent d'immenses chenaux d'irrigation qui conduisent l'eau de la calotte glaciaire vers les régions tropicales désertiques. Une tragédie se joue là en miroir des drames qui se nouent sur la Terre. Alfred Russel Wallace exprime de virulentes critiques. Sans effet. Les théories de Lowell acquièrent une immense popularité.

Sur Terre, l'heure est aux grands travaux. Le chemin de fer américain est-ouest, le canal de Suez, le canal de Corinthe, le canal de Panama s'achèvent tous entre 1869 et 1914. Les écluses des grands lacs, les canaux de l'État de New York, les chenaux d'irrigation du Sud-Ouest désertique se construisent à la charnière des deux siècles. Et si Lowell affirme avoir vu tant de canaux sur Mars, c'est parce que, dit-il, « ils se dessinaient à lui comme en un éclair ».

En 1897 les Martiens font irruption dans la littérature. Ils débarquent au pôle Nord avec le romancier Kurt Lasswitz. L'année suivante, ils sèment la terreur avec H.G. Wells. Il devient dès lors difficile de distinguer ce qui, dans la construction d'une planète, relève d'observations savantes ou de récits fictifs. Les uns, les autres, ne s'excluent pas, puisent aux mêmes sources mythiques, participent d'une même logique. La fiction décrit *ce qui se passerait si*.... Le récit savant s'appuie sur des *faits*. Mais rien n'empêche évidemment la science d'interroger *ce qui se passerait si*... et la fiction de s'appuyer sur des *faits*. Reste à savoir si le document, celui qui n'ayant rien inventé se présente comme calque des choses, donne plus de nouvelles du monde que la fiction.

À la fin du XIXᵉ siècle, en France, les polémiques prennent une nouvelle tournure. Le 7 août 1892, pour *Le Petit*

Journal, les canaux doubles sur lesquels l'Italie a tant déraisonné n'ont jamais été observés. Camille Flammarion, habile promoteur d'une science enchantée, riposte avec vivacité : « Tout récemment une petite note, due à on ne sait quel ignorant, a été publiée dans presque tous les journaux français, déclarant que les observations faites sur Mars n'ont pas montré les lignes énigmatiques [...] et que ces prétendues configurations ne sont que les billevesées d'un astronome italien. Il est amèrement fâcheux que plusieurs millions de lecteurs aient eu sous les yeux une idiotie aussi grossière, qui se complétait d'un manque d'égard peu courtois envers l'un des plus éminents astronomes de notre temps. » Camille Flammarion perçoit des signes : la Croix de l'Hellas, l'une des figures géométriques les plus remarquables de la planète, ne peut être une figure naturelle puisqu'elle se situe à l'intersection de deux tracés perpendiculaires. La trace invite à l'évasion : « On peut y rêver car c'est aussi intéressant que Salammbô[1]. » Pour le savant anglais Lockyer, de retour d'une mission en Égypte, les canaux ressemblent aux affluents du Nil : tantôt maigres fleuves, tantôt vallées inondées. La ville de Londres et les douze mille mètres carrés de lumière qu'elle offre chaque soir à l'obscurité du ciel lui semble la candidate désignée à l'émission de signaux à destination de Mars. L'hypothèse est rendue caduque : le bureau métropolitain ne soutient pas le projet. Au même moment, de l'Observatoire de Nice, les lunettes astronomiques laissent deviner sur Mars la sanglante des renflements brillants de couleurs et d'éclats intenses. Les apparitions de feu ne seront pas observées une seconde fois. Déjà fusent les contestations ironiques. À l'Académie des sciences, M. Bertrand fait remarquer que ce sont peut-être les habitants de Mars qui font des signaux à la Terre afin de gagner le prix de soixante mille francs proposé par l'Académie à ceux qui parviendraient à communiquer avec les habitants d'un autre monde !

---

1. C. Flammarion, *op. cit.*

On met en œuvre des preuves expérimentales : il convient de démontrer que l'œil humain n'est pas infaillible, qu'il peut voir double des tracés simples. La géographie de Mars est dessinée sur une plaque de métal. Une fine mousseline interposée entre l'œil de l'observateur et ce dessin permet — à condition de placer l'ensemble au soleil — d'observer une image dédoublée : l'observateur perçoit simultanément le dessin réalisé sur la plaque et son image interceptée par le voile. Ainsi, rien ne prouve que les tracés des canaux de Mars soient doubles ; rien ne prouve qu'il s'agisse d'immenses voies ferrées construites par des êtres extraordinairement évolués. Rien ne prouve que Schiaparelli ait dit vrai. Rien ne prouve qu'il ait vu juste.

L'imperfection des optiques, l'espoir même qu'elle a pu procurer, serait la principale responsable de l'installation de formes imaginées et de l'excitation qui l'a accompagnée.

L'existence des fameux canaux ne sera remise officiellement en cause qu'en 1909. Cinq ans plus tard, l'astronome Bernard Llyot anéantit l'hypothèse. Mais il est difficile d'effacer les constructions imaginaires lorsque l'on ne dispose que du vide pour les remplacer. Aux États-Unis, seul le survol de Mars par la sonde Mariner 4 en 1965 consacre la fin définitive de ces immenses canaux rectilignes, remplis d'eau à ras bord, qui se croisent à angle droit. Il a fallu ainsi déléguer le regard humain à une sonde au fonctionnement compliqué pour qu'il soit mis fin au déni des réalités.

Aucune corrélation ne sera établie entre les tracés de Schiaparelli ou de Lowell et les structures volcaniques ou tectoniques révélées par les sondes astronomiques. Les canaux de Mars ont pourtant guidé le regard des astronomes durant plusieurs dizaines d'années. Ils resteront les grands absents d'une histoire des sciences orthodoxe, comme si les constructions imaginaires n'interrogeaient pas les savoirs contemporains, comme si elles n'éclairaient pas autant le fonctionnement des sciences que les belles découvertes de laboratoire.

Car seule une science triomphante peut offrir des arguments à l'existence d'Extraterrestres. Les « autres mondes » se peuplent en effet aux époques où la science est la plus performante. Le xviie siècle, le xixe, la seconde moitié du xxe, sont les périodes où l'on croit — ou feint de croire — le plus fermement à l'existence d'une vie sur Mars. Le vide créé par la science est insupportable. Les espaces infinis, libres de divinités, ne peuvent rester vacants : ils s'enrichissent d'autres nous-mêmes. Extraterrestres amicaux tant qu'ils sont mis en scène par les savants et les scientifiques ; terrifiants ou dangereux lorsque le cinéma ou la littérature s'en emparent. Brutalement s'inverse l'ordre du regard. Nous n'observons plus avec nos yeux, nos lunettes, nos télescopes ; ce sont *eux* qui nous regardent. Nous sommes agis, dominés, manipulés par de plus intelligents que nous. D'autres Terres nous observent. À jamais inaccessibles, elles sont le lieu de tous les fantasmes identitaires, de toutes les peurs, de tous les espoirs. Les hommes vaquent à leurs occupations sans se douter qu'ils sont examinés avec l'attention d'un savant penché sur les créatures qui pullulent dans la goutte d'eau du microscope. Certes, les mondes se peuplent de manière rassurante ; mais en se peuplant, ils nous font comprendre notre immense faiblesse, notre suffisance infinie, notre prétention à dominer la matière, notre croyance absurde en notre propre immortalité.

Les robots de Mars

Les images de proximité envoyées par les sondes Viking 1 et Viking 2, à la fin des années 1970, surprennent et déçoivent simultanément. Mars la sanglante, la rouge, la bleue et verte, Mars couverte d'eaux et de joncs, Mars en attente d'oiseaux phosphorescents, se réduit à une surface sèche et chaotique. La planète acquiert une trop grande familiarité avec la Terre. La banalité de pierres posées à même le sol et surtout, la lumière tamisée par une atmosphère poussiéreuse, les dégradés des ombres, l'absence de cadrage des images, font trop songer à ces photographies que les amateurs ne prennent pas le temps de faire développer. Transmises pixel après pixel, par ondes radio, reconstituées ligne par ligne en un quasi direct sur les écrans terrestres, les imageries ont des airs de simples photographies. L'un des pieds de la sonde est visible dans l'angle inférieur droit de cette première carte postale de Mars qui se dessine sur les écrans. Aux alentours, le sol est parsemé de petites pierres anguleuses. Le point de vue des caméras est, à peu de choses près, celui d'un observateur humain.

Le lander de Viking 1 atterrit le 20 juillet à 28 kilomètres du point cible repéré quelque temps auparavant par la sonde alors en orbite. Des incidents émaillent cette arrivée : les États-Unis doivent renoncer à un atterrissage en catastrophe le 4 juillet pour l'anniversaire de leur indépendance. Vingt-cinq secondes après l'atterrissage, la caméra 2, située près du pied du lander, se met en marche ; elle « photographie » le sol au voisinage du pied n° 3. L'objectif n'est pas seulement d'obtenir des vues générales de la planète, mais bien de rapporter des images du sol. Avec elles, des échantillons : des cailloux.

Mars se matérialise, devient un lieu, une géologie, un territoire pour interroger l'histoire. Mais aucun animal étrange ne passe à proximité des caméras. Aucun indice de vie n'est décelé : la déception est grande. Les descriptions techniques pallient cette absence. Le 25 juillet, l'un des bras de la sonde est débloqué ; la goupille qui le retenait tombe. À 19 h 10, une « photographie » la montre sur le sol ; sur la gauche de l'image, le bras à échantillons, déployé, est bien visible. L'horizon est oblique ; le sol, orange ; le ciel, jaune. Le 28 juillet, Viking 1, à la recherche d'une vie sur Mars, exécute les ordres, étend son bras gauche, creuse une tranchée longue de 17 centimètres, large de 6,3 centimètres, profonde de 5 centimètres.

La mission de l'Orbiter de Viking 1 s'achève le 7 août 1980. Celle de l'Orbiter de Viking 2, le 24 juillet 1978 avec l'épuisement des réserves de gaz. Plus de 51 000 photographies ont été prises. Les espoirs suscités par les détecteurs de vie qui prennent en compte à la fois l'éventualité d'une respiration et d'une photosynthèse s'avèrent caducs. On ne trouve rien sur Mars qui ressemble à un organisme vivant ou à un objet créé par des êtres intelligents. Aucun résultat concernant l'existence d'une vie extraterrestre n'a été obtenu. Il en faut plus cependant pour que la recherche d'autres mondes soit abandonnée. La gestion des rêves ne relève pas d'un pur enchantement : elle fait partie intégrante de la politique intérieure des États. Grâce aux images, Mars se peuple d'engins d'exploration, formes de vie articulées. Alimentant les imaginaires enfantins, elles ouvrent la voie d'un extraordinaire marché de produits dérivés.

Les images vides de Pathfinder

On dit de l'opération qu'elle est une réussite immense. Vingt ans après les sondes Viking 1 et Viking 2, Pathfinder atterrit sur la planète Mars, au cœur de ce qui semble d'abord le lit fossile d'une rivière disparue. Aucune entrave n'a empêché cette fois la coïncidence avec le 4 juillet, jour anniversaire de l'indépendance américaine. Plus de cent millions d'internautes se connectent ce jour-là sur les sites concernés. Il faut désengorger le réseau. En quelques semaines, les Terriens reçoivent des milliers d'images de la surface de Mars. Le mardi 22 juillet 1997, un panoramique rose-orange se trace ligne par ligne sur les écrans des chercheurs du Jet Propulsion Laboratory, éblouis. Les journaux et les télévisions du monde entier répercutent les enthousiasmes.

Les images transmises par ondes radio parcourent en une dizaine de minutes 191 millions de kilomètres. Reconstituées sur les écrans des ordinateurs terrestres, elles sont reçues par le grand public comme des témoignages absolus. Le noir et blanc leur donne, plus facilement que la couleur, des allures de photographies. On n'en voit pas les pixels ; on en ignore les déformations. Reçus comme des images de hasard donnant des nouvelles d'un monde qui préexiste, les « documents purs » de Pathfinder offrent toutes les garanties de l'objectivité scientifique. En quelques semaines, les nouvelles images de la planète s'imposent dans le monde entier, achevant d'effacer les figures d'une planète lointaine, brune et floue.

Pourtant, il n'y a rien à voir sur Mars, plancher de cailloux et de poussières, horizon rose aux lumières adoucies. Le décor pierreux livré par la sonde Pathfinder et par Sojourner, « le premier robot roulant qui se soit jamais promené à la surface d'une planète », n'a rien à envier aux tristes déserts qui hantent le Sahel ou la Mongolie. Pire encore, la recherche d'une vie extraterrestre n'est plus à l'ordre du jour. Les sondes Viking ont mis un terme quasi définitif aux espoirs de découverte d'une quelconque forme de vie. Plus vides que les photographies d'Eugène Atget, les paysages de Mars invitent aux cheminements du regard. L'image n'est plus un simple document : elle est mystère et pièce à conviction. Comme le désert, elle offre ses fantômes et ses traces.

Les dépôts de poussières en figures caractéristiques sont indices de grands balayages par le vent. La forme arrondie des galets, d'une usure par les eaux vives. Les arêtes vives des cailloux, d'une fragmentation par l'impact d'une météorite. L'enracinement profond des blocs, d'une roche mère plus stable. Certes, les images ne transmettent ni les froids immenses, ni les vents violents : la nature qui leur parle n'est pas celle qui parlerait à un marcheur courageux arpentant sans faiblir la surface de la planète. Mais elles sont un récit : celui d'une origine. On n'imagine pas tout ce que l'on peut tirer de raison ou de fantasmes d'un galet figuré à l'image.

Le non-géologue, lui, ânonne. Pour faciliter le décryptage, on a donné des noms propres aux choses : le premier objectif du petit robot *Rocky* sera le galet *Barnacle Bill*. Viendront plus tard *Yogi*, *Casper* et *Scoubidou*. En cet été 1997, la désolation des déserts de Mars, leurs images vides, recueillent un public bien plus nombreux que le réalisme vigoureux des spationautes de la station Mir aux prises avec de terrifiantes difficultés. Loin du drame, *Rocky*, lui, « marche », « respire », refuse d'avancer ». Il est, selon le *Jet Propulsion Laboratory*, la vedette d'une « superproduction moins chère qu'un film d'Hollywood ».

Diffusées par Internet, rendues interactives, les figures martiennes naissent du leurre de la démocratie directe. Les internautes jouent aux astronautes et aux savants : ce sont eux qui ont débarqué sur Mars, eux qui ont reçu à Pasadena les images envoyées par la sonde. Installant chacun en situation d'exercice, le jeu transforme l'internaute en acteur potentiel de la vie sociale : il a l'illusion d'être entendu. Le vide martien favorise ainsi la gestion des images comme énonciations : avant d'être figures, elles sont dispositifs de diffusion. Les robots pallient l'absence de vie. Les sacs dégonflés, les panneaux solaires, les rampes de descente apparaissent en périphérie du cadre comme des objets secondaires mais indispensables. L'image offre accès à ses propres appareils techniques et institutionnels. Avant de nous parler du monde, elle nous parle d'elle-même.

La réussite de la mission est double. D'une part, Pathfinder annonce l'avènement d'une nouvelle ère des politiques spatiales aux missions rapides, légères, bien moins coûteuses que les vols habités. Enfin, à l'heure où les États-Unis peaufinent les rêts d'Internet, elle met en œuvre des modes inédit d'expérimentation sociale. La nouveauté du contenu exige celle des dispositifs techniques de diffusion des images. La modernité, alliage subtil d'innovation technique et d'espoirs sociaux, est à ce prix. La Nasa a besoin de l'appui des citoyens et ce soutien passe par la gestion des images, condition nécessaire des vols spatiaux. Sans images, il n'y aurait pas d'espace. Elles sont les véritables moteurs des expéditions.

La Nasa a besoin de redorer son blason. Des vingt expéditions réalisées depuis 1962 treize ont échoué. Il convient d'effacer les années de malheur tout en justifiant le vote d'un lourd budget par le Congrès. La mort en direct des sept membres d'équipage de la navette Challenger, le 28 janvier 1998, devant des millions de spectateurs, a semé l'effroi. L'échec d'une image a eu des conséquences importantes : le doute s'était emparé des citoyens, les vocations scientifiques sont devenues rares. Les défauts du télescope Hubble dus à une négligence de fabrication, la perte, en 1993, de la sonde Mars Observer, mais aussi la diminution des budgets, les licenciements, ont rendu urgente la « révolution culturelle » de Pathfinder, telle que la nomme le directeur de la Nasa. Coûts réduits, mission rapidement organisée, techniques légères, politique de l'image mobilisant pour la première fois les réseaux interactifs : pour l'Agence spatiale américaine l'opération Pathfinder est une mission de reconnaissance au service de l'humanité entière. Le Traité des étoiles signé à Moscou en 1965 justifie toute entreprise de possession : « Mars est une planète du système solaire. Elle est, de fait, propriété de toute l'humanité. »

Si l'espoir d'y découvrir un animal étrange s'est bien évanoui, les ambitions de colonisation sont, elles, restées intactes. À cette occupation de l'espace par une sonde répond une colonisation de la Terre par une image unique : celle d'un désert rouge occupé par des robots.

Sur les serveurs Internet, les *Chroniques martiennes* de Ray Bradbury se mêlent aux comptes rendus scientifiques. La distinction entre information documentée et fiction devient délicate. Il est loin le temps où la Nasa fondait la confiance des citoyens sur l'impassibilité de ses pilotes, sur leur indépendance à l'égard de tout mysticisme. Évanouie l'époque où elle affirmait que ses astronautes « ne rêvaient jamais ». La mise en récit, la création de fictions, l'activation des imaginaires, la conscience des enjeux symboliques s'immiscent au cœur des politiques spatiales qu'elles transforment peu à peu en industries culturelles. Les dépressions, les mutismes d'Eldwin Aldrin, de Neil Amstrong ont directement contribué au succès de Sojourner, le premier robot télécommandé à arpenter la surface d'une planète. L'homme marchait sur la lune ; les robots rouleront sur

Mars. Les empreintes des chenilles dans la poussière planétaire côtoient désormais dans nos magasins imaginaires celle des semelles de chaussures sur le sol de la lune.

Le cinéma de fiction s'est emparé de ces inquiétudes mêlées d'espoirs nées des conquêtes spatiales : au monde des hommes ici-bas répond là-haut un monde de robots et d'ordinateurs. En 1977, dix ans après la sortie de *2001 l'Odyssée de l'espace*, *La Guerre des étoiles* de George Lucas a marqué l'entrée en action des premiers effets spéciaux numériques : la modernité du contenant répondant de celle du contenu. Les relations entre les institutions et les robots ne tournent pourtant pas toujours à l'avantage des premières. Version moderne de la créature du *Frankenstein* de James Whale, les personnages de *Mars Attacks* assassinent leur créateur, le Président des États-Unis.

Et le format cinémascope des images Internet de Mars Pathfinder, dont le vide même est un suspense, nous transporte dans un ailleurs étrange, mais logique. Mimant le cinéma, elles fonctionnent, en retour, comme des fictions.

Embarquements des regards, débarquements planétaires

Objets hors d'atteinte, à la présence obsédante, planètes et étoiles appellent les embarquements du regard (par les sondes spatiales, les vols habités) et les débarquements planétaires (d'hommes, de robots fixes ou mobiles). Surtout, elles invitent à une production intense de substituts matériels : dessins, gravures, photographies, simulations numériques... Ces figures de l'invisible, images de haute responsabilité, construisent en retour leur objet. Parce qu'elles cadrent, elles sélectionnent, rapprochent, focalisent et transforment : les missions lunaires ont transformé l'or du croissant en poussières, les sondes Voyager ont fait de Saturne une superposition de couches colorées sans épaisseur. Non dissociables des techniques d'observation et d'enregistrement, les images de l'espace interrogent plus que d'autres la part des dispositifs matériels de production ou de diffusion dans la construction du regard.

Mars la rocailleuse aux plaines immenses envahies de poussières est le fruit conjoint d'une diffusion sur Internet et d'une rigoureuse administration du vide. Lieu du rien, à l'instar de l'*Élevage de poussières* photographié par Man Ray sur le pied du *Grand Verre* de Marcel Duchamp, elle s'offre comme un espace divinatoire. On lit la surface de Mars comme on lit la pelure d'orange qui, tombée sur le sol, y dessine des lettres. Ou la ficelle de Man Ray dessinant par terre, sous l'effet du hasard, la figure d'un pendu. Mars est une prémonition.

Comme les déserts, les images savantes offrent accès à leur propre façonnement. Comme eux, elles s'offrent à la lecture comme signes et inscriptions. Comme eux, elles ouvrent des pistes à la compréhension des scènes passées ou à venir : elles en sont les caisses enregistreuses. L'effacement de la présence humaine génère l'inquiétude quand, paradoxalement, la trace est promesse de rêves. Les imageries ne cherchent pas à montrer, mais déjà, à démontrer ; pas à comprendre, mais à faire comprendre. Leur légitimation scientifique facilite cet ordonnancement du regard. Gestion des âmes programmée à vaste échelle, elles sont aussi l'espoir d'un dialogue renoué entre une science qui se technicise à outrance et ses publics qui s'éloignent : elles sont une pratique politique.

Un croissant d'or gravé est simultanément lune et planche de bois. *Objets matériels et fabriqués*, les images possèdent des caractéristiques mémorielles, des aptitudes à la transmission de savoirs et savoir-faire au même titre que les silex taillés d'André Leroi-Gourhan. *Figurations, enregistrements*, elles renvoient à un extérieur sans lequel elles n'existeraient pas et dont elles nous donnent des nouvelles. *Énonciations*, elles affirment leur propre existence par leurs seuls caractères matériels et esthétiques. *Symboles*, elles révèlent ce qui unit. *Traces*, elles offrent accès tant à leur objet, qu'à leurs propres dispositifs techniques ou institutionnels de production ou de diffusion.

Nombreux sont les objets, les processus, les phénomènes, qui nous semblent familiers, mais que nous ne connaissons que par l'intermédiaire des images. Or, l'observation directe à l'aide d'une bonne lunette ne construit pas la même planète Mars qu'une imagerie diffusée sur les réseaux Internet : elle n'induit pas les mêmes rêves, n'offre pas prise aux mêmes fantasmes. Les images savantes se présentent comme des modes d'accès simple au réel, comme de pures objectivités. Transparences, elles *enseigneraient*. Le « document[1] » en retour fut souvent considéré avec dédain : cantonné dans les imageries fonctionnelles, opposé aux travaux d'art. Cette transparence affichée, ce mépris en retour ont conduit à passer sous silence la part des médiations. Or, ce sont bien les enjeux de la connaissance qu'interrogent les images pensées dans leurs dispositifs techniques et institués. « Comment ? » : par quels procédés une image réussit-elle à orienter les représentations collectives là où d'autres échouent ?

Ce qui est image pour l'un peut ne pas l'être pour l'autre. Car une image ne prend naissance que sous l'effet des tensions conjuguées d'une culture, d'une organisation matérielle, d'une esthétique et d'un désir de lecture. Et nous recevons chacun différemment une même image ; nous la lisons à notre façon. Pourtant, elle révèle chez chacun d'entre nous une part commune, qui rassemble. Ainsi partagée, elle contribue à forger des savoirs collectifs, à installer le sentiment d'appartenance à une même culture. En nous invitant à la promenade sur Mars, les images de Pathfinder ont pour mission de nous rendre, au pire, citoyens d'Amérique, au mieux, citoyens du monde.

---

1. Le mot est issu du latin *documentum*, dérivé du verbe *docere*, enseigner.

L'INVITATION MÉDIOLOGIQUE

Peu d'épaisseur : pas même un contenant. Fragile quand elle est argentique ; éphémère quand elle est numérique. Faible. L'image agit sans toucher ; à distance. Triomphe du *moins* contre le *gros* ; sa force naît de futiles matérialités. Si la médiologie s'intéresse aux effets puissants du « trois fois rien », les images, objets fabriqués et moyens d'un pouvoir symbolique, sont au cœur de l'enjeu. Si elle s'efforce de comprendre la relation, alors, les images légères et voyageuses sont, pour elle, des outils d'analyse.

Si elle interroge les fractures entre technique et culture, alors les images — à la fois l'une et l'autre — sont objets paradoxaux de ces questionnements.

La gravure, fruit du geste de l'artisan, n'installe pas les mêmes regards que l'image technique de la photographie. Et les clic clac de la photographie ne fabriquent pas le même monde que les logiciels numériques dont la maîtrise est réservée aux spécialistes, ou que les outils coûteux de la *big science* dont la propriété échappe aux individus.

L'histoire des regards prend appui sur celle des images et des appareils de vision.

La distinction opérée ici entre gravure, photographie, imagerie, traverse résolument les classifications qui isoleraient d'un côté les productions scientifiques, de l'autre les créations artistiques. Elle n'abandonne plus à leur sort des images sans statut qui ne sont ni art, ni science, ni industrie. Elle invite à percevoir chaque image comme un tout indissoluble s'offrant à des lectures. Le gravé, le photographié, l'imagé : au sein de chaque catégorie se nouent les liens unissant les mutations techniques et industrielles et les enjeux culturels historiquement campés. Le temps court et le temps long. L'éphémère et l'immortel. Les imperfections des commencements sont sources d'enseignement. C'est lorsque les techniques ne sont pas encore figées, encore sujettes à de fines variations, que le rôle des appareils de vision dans la construction du regard est le plus net. Les « nouvelles » images de la gravure, de la photographie, de l'imagerie — aux xve et xvie siècles, au xixe siècle, au xxe siècle — fonctionnent ainsi comme les creusets expérimentaux d'une archéologie de la technique.

*

Il fut un temps — non point âge d'or — où ces ruptures entre l'art, la technique, la science et la culture n'existaient pas. L'« art » n'était qu'un savoir-faire indissociable de la technique ; les objets fabriqués de série ne concurrençaient pas encore les créations uniques. Au xvie siècle, les productions industrielles, la déconsidération sociale des artisans qui les accompagne, contraignent ceux qui résistent à s'ériger en « artistes » : Bernard Palissy au légendaire mauvais caractère est la figure emblématique d'une telle évolution. Les circuits de transmission et de validation dans lesquels s'installent ces nouveaux artistes les obligent à s'éloigner des pratiques des savants. Pour les artistes : les productions matérielles, l'ouverture des ateliers aux visiteur princiers. Pour les savants : la production d'idées, les conférences, les écrits, les confrontations orales. Dans les tout premiers temps cependant, la science échappe à la technique.

La gravure réunit les uns et les autres, facilite les échanges. En outre, elle ordonne. Comme les casses d'une imprimerie, elle met de l'ordre dans les objets du monde.

Les isolant de leur environnement, elle est l'outil des catalogues, des recensements, des abécédaires. Elle excelle dans les tracés nets, l'affichage des certitudes, la transmission des messages. Leçon de choses privilégiant l'arrêt sur image, elle force l'observation, invitant définitivement à voir le monde comme un paysage doué des règles de la perspective albertienne. Et lorsqu'au XVIIIe siècle la maîtrise de la nature par ses images apparaît illusoire, on s'oriente vers des choix radicaux. Ce sont des productions humaines que recense plus modestement l'Encyclopédie de Diderot et d'Alembert, reléguant les inventaires naturalistes dans quelque chapitre dérisoire. Fours de potiers, machines à fabriquer les bas de soie : le regard qui prend place s'installe dans un monde humanisé, organisé où la technique est une richesse maîtrisée. La gravure et ses éclatés triomphent, réunissant dans le même espace de la page les temps différents : ceux de la fabrication de l'alun, ceux de l'exploitation des mines ou du détartrage. La transmission des savoirs prend ici valeur d'explication.

*

L'arrivée de la photographie, au XIXe siècle, provoque des bousculades. Certes, on attend d'elle une aide aux recensements et aux inventaires. Elle excelle, de plus, dans la réception du hasard. Image automatique, elle acquiert valeur de témoin absolu. Dans l'impossibilité d'isoler l'objet de son environnement, elle n'échappe ni aux géographies, ni aux ethnologies. Transmettant les regards comme les savoirs, l'inquiétude comme les certitudes, elle témoigne de la matière des corps et de la terre, leur conférant une tragique réalité. Elle excellera aux comptes rendus des drames : catastrophes naturelles, guerre ou accidents.

Simultanément, elle transfère le regard des intérieurs trop sombres vers les extérieurs lumineux, des profondeurs vers les surfaces, incite aux expériences. La technique fédère : ni les artistes, ni les scientifiques, ni les médecins, ni les amateurs, ni les industriels... n'échapperont à la photographie. En corollaire, les nouvelles images circulent des hôpitaux aux ateliers d'artistes, des laboratoires aux salons des beaux-arts, d'un champ du savoir à un autre. Avec elles, les idées.

À partir de 1860, avec la création des grands studios parisiens, la photographie prend la dimension d'une industrie culturelle. Après la défaite de 1870, son statut scientifique, son envergure nationale sont officiellement affirmés. L'astronome Jules Janssen écrit — et l'énoncé est performatif — que la photographie est la véritable rétine du savant. En réaction, les pictorialistes consolident leurs positions d'auteurs et d'artistes. La photographie perd sa belle unité : la distinction entre les images de la science, de l'art, et de l'industrie s'accentue.

La Première Guerre mondiale favorise le développement de la photographie aérienne : la surface de la Terre évolue en un système de signes. Simultanément cependant, l'imagerie scientifique naissante déleste la photographie de ses obligations scientifiques. En contrepartie, la photographie artistique ouvre la voie aux expériences, aux nouvelles matières, aux nouveaux points de vue.

À la fois fruit d'une intention et a-intentionnelle, message et réception hasardeuse, création artistique et enregistrement comptable : l'immense réussite de la photographie vient d'une aptitude à concilier les contradictions, souvent au sein d'une même image. Sa simplicité technique facilite en outre les adhésions. Le regard photographique qui prend naissance s'installe durablement. Le poids du paradigme photographique est tel que nous lisons souvent les imageries scientifiques contemporaines comme des photographies. Comme si la nature parlait simplement d'elle-même par lumière interposée, sans machineries.

*

L'imagerie qui naît avec la découverte de la radiographie à l'extrême fin du XIXᵉ siècle engendre des réorganisations sociales. L'exigence d'une maîtrise des nouvelles

machines de vision oblige à de nouveaux partages du travail. Les conflits entre techniciens et médecins détenteurs
du savoir jalonnent ainsi l'histoire de la radiographie. D'une
manière générale, l'image abandonne les ressemblances
formelles pour la visualisation de propriétés spécifiques :
aptitude à absorber ou réfléchir les infra-rouges, les
rayons X.... Une nouvelle étape est franchie : nous devons
croire des machines qui voient ce que nous ne saurions
voir. Perdant la maîtrise des instruments de la production
des images, nous sommes dépossédés des moyens du
jugement.

Simultanément, les images numériques sont les ter-
rains d'expérience d'une pensée qui, s'appuyant sur l'œil et
le visible, développe des réflexes visuels. À l'extrême, les
images n'ont plus besoin de référents pour exister, traduisant simplement des propriétés en formes et en couleurs.

Ouvrant à l'inverse — et simultanément — la voie d'un
nouveau réalisme, les ordinateurs donnent une impulsion
à la part fictionnelle de la science. Les voyages en direction
des trous noirs ou bien à l'intérieur du corps humain, entre
côtes, cœurs et poumons, n'ont rien à envier aux meilleurs
scénarios. L'imagerie médicale 3D emprunte déjà des logiciels à George Lucas et *Jurassic Park* ; le temps s'approche
où ses modes de distribution pourraient mimer ceux du
cinéma. L'évolution accélérée des technologies de la vision
s'encombre déjà de moins en moins du temps long de la
recherche, prenant de court les circuits de validation.

Pour la première fois cependant l'image critique ses
propres moyens de production. Née des mathématiques
formelles et des logiques numériques, elle renoue avec une
approche sensible du monde, avec le phénomène. On abandonne les couleurs criardes de la bande dessinée pour celles
— plus douces — des manuscrits de Léonard de Vinci. On
s'adonne aux marouflages, aux encadrements, aux expositions d'imageries. L'échelle macroscopique de l'observation
fait sur la scène scientifique une nouvelle entrée : les arbres
croissent, la houle se déplace, les tornades circulent en

tourbillonnant, les mouches volent à vive allure... L'image technique s'arrache à la technique. Les paysages de montagne et leurs perspectives atmosphériques sont les signes d'une main tendue à la société par une science qui se technicise à outrance. Pourtant, ce n'est pas seulement au monde que ces images confèrent un charme singulier, c'est à la science elle-même. Elles en sont le réenchantement. Et la séduction qu'elles exercent est déjà gouvernement des regards et des idées.

*

L'imprimerie a bouleversé nos habitudes mémorielles. La diffusion des gravures a incité les savants à « aller voir », à se placer au contact direct des choses. Installant au monde un homme riche d'illusions : celles des recensements complets.

La photographie a créé des liens, réunissant sous son aile tous les champs du savoir, facilitant les hybridations. Développant l'utopie du témoignage absolu.

L'imagerie numérique a redonné prise à la fiction sans que celle-ci s'oppose aux rationalités scientifiques ; elle a induit de nouvelles pratiques expérimentales. Simultanément se développaient les regards très outillés et mondialisés d'une science fortement institutionnalisée. Mais l'imagerie, les nouveaux traitements d'images n'ont aboli ni les illusions des recensements complets, ni les utopies d'une exactitude absolue.

Les écrans que la science a tendus au monde sont ainsi passés de l'inventaire à la preuve, de la preuve à la fiction, sans que jamais l'une de leurs propositions ne tombe en cours de route. Image inventaire, image preuve, image fiction : ce qui se construit là est le tout de l'image savante. Et ces images, formées elles-mêmes de couches superposées, participent en retour à la construction de nouvelles machines de vision, façonnent nos milieux de vie, font le lit de nouveaux regards. S'offrant à l'incessant va-et-vient entre esthétique et matérialité.

Au jeu sans fin des interprétations.

TABLE

DEUXIÈME PARTIE
La photographie

TROISIÈME PARTIE
L'imagerie

TABLE   275

Crédits photographiques

Fig. 1 : The Royal Collection, Windsor Castle.
Fig. 2 : Service régional d'archéologie d'Ile-de-France.
Fig. 3 : Bibliothèque nationale.
Fig. 4 : J.-L. Charmet, Bibliothèque de l'ancienne faculté de médecine de Paris.
Fig. 5 : Bibliothèque nationale.
Fig. 6 : Bibliothèque nationale.
Fig. 7 : J.-L. Charmet, Bibliothèque nationale.
Fig. 8 : J.-L. Charmet, Bibliothèque des Arts décoratifs, Paris.
Fig. 9 : Bibliothèque nationale.
Fig. 10 : J.B. Greene, Société française de photographie.
Fig. 11 : Foucault, Société francaise de photographie.
Fig. 12 : Poitevin, Société française de photographie.
Fig. 13 : J.-L. Charmet, Bibliothèque de l'ancienne faculté de médecine de Paris.
Fig. 14 : Assistance publique des Hôpitaux de Paris.
Fig. 15 : The Burns Archive, New York.
Fig. 16 : Musée Marey de Beaune.
Fig. 17 : Collège de France.
Fig. 18 : Musée Marey de Beaune.
Fig. 19 : D.R. collection personnelle.
Fig. 20 : Institut de géographie nationale.
Fig. 21 : Archives du Centre Antoine-Béclère, Paris.
Fig. 22 : Les Documents cinématographiques, Paris.
Fig. 23 : Nasa/SPL/COSMOS.
Fig. 24 : Nasa/SPL/COSMOS.
Fig. 25 : A. Douady, Écoutez Voir.
Fig. 26 : J.-F. Colonna, CNRS/LACTAMME.
Fig. 27 : Cl. Delor/Pellet, musées de Sens.
Fig. 28 : M. Reduron, CREP-Meudon.
Fig. 29 : Dr, collection personnelle.
Fig. 30 : J.A. Marck, Observatoire de Paris-Meudon.
Fig. 31 : Nasa/SPL/COSMOS.
Fig. 32 : M. Manni, collection personnelle.

Cet ouvrage a été composé et mis en page
chez Nord Compo (Villeneuve-d'Ascq).
Reproduit et achevé d'imprimer
par l'Imprimerie FLOCH (Mayenne)
en octobre 1998

N° d'impression : 44734.
N° d'édition : 7381-054-X.
Dépôt légal : novembre 1998.

Imprimé en France